U0933710

# 网络与数字安全

郑凯　王肃　王伟　张琰彬　苏斌　曾秋梅　编著

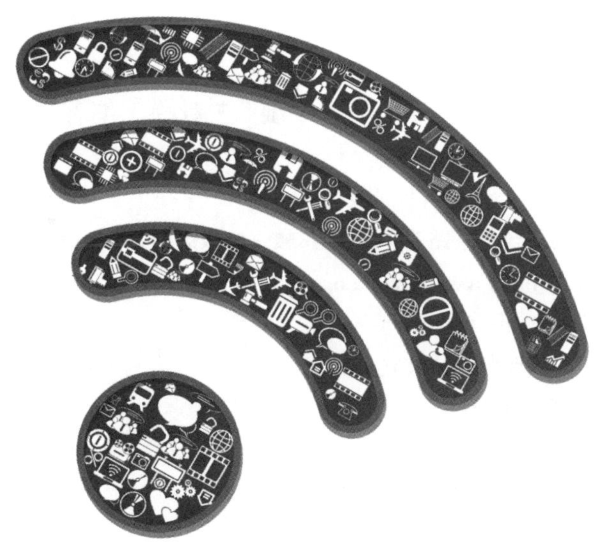

上海科技教育出版社

**图书在版编目(CIP)数据**

网络与数字安全 / 郑凯等编著 .—上海：上海科技教育出版社，2024.2

（全民数字素养与技能提升丛书）

ISBN 978-7-5428-8089-5

Ⅰ.①网… Ⅱ.①郑… Ⅲ.①计算机网络—网络安全 Ⅳ.①TP393.08

中国版本图书馆CIP数据核字(2024)第002761号

**责任编辑** 韩 露 牟姚远

**装帧设计** 李梦雪

水杉在线注册码

全民数字素养与技能提升丛书

**网络与数字安全**

郑 凯 王 肃 王 伟 张琰彬 苏 斌 曾秋梅 编著

**出版发行** 上海科技教育出版社有限公司

（上海市闵行区号景路159弄A座8楼 邮政编码201101）

**网　　址** www.sste.com www.ewen.co

**经　　销** 各地新华书店

**印　　刷** 常熟兴达印刷有限公司

**开　　本** 720×1000 1/16

**印　　张** 7.75

**版　　次** 2024年2月第1版

**印　　次** 2024年2月第1次印刷

**书　　号** ISBN 978-7-5428-8089-5/G·4801

**定　　价** 48.00元(含数字课程)

# 丛书序

随着数字社会的加快到来，全民数字素养与技能水平日益成为国家综合竞争力和软实力的关键指标。2021年11月，中央网络安全和信息化委员会印发《提升全民数字素养与技能行动纲要》，对提升全民数字素养与技能作出部署。2023年2月，中共中央、国务院印发《数字中国建设整体布局规划》，提出到2025年，数字基础设施高效联通，数据资源规模和质量加快提升。

快速发展的数字技术和人工智能，使传统的教育体系无法及时解决各种数字鸿沟问题，包括但不限于：

◆ 新技术、新工具越来越快地渗透到学习、工作和生活的方方面面，各年龄层的人都会面对新的问题，需要不断学习新的工具。

◆ 现实世界与数字世界的融合，带来大量信息与事实查核的负担。普通人面对超载的信息流，难以辨别社交媒体中涌现的各种错误信息（misinformation）和虚假信息（disinformation），大大增加了认知偏差甚至族群分裂的风险。

◆ 理解计算机科学原理、掌握计算思维和数据思维、正确运用各种数据工具，已经成为一种不分专业领域的通识能力，但大部分人缺乏获取这种能力的渠道。

◆ 人工智能技术加速演进，很可能催生新的产业革命和工作岗位重构，所有产业领域都需要进行深入的数字化、智能化创新思考及尝试，但大部分人缺乏获取相关必要能力的渠道。

◆ 数字化进程中潜在的安全风险正在增加，相关的道德伦理与法律建设相对滞后，迫切需要人文领域与数字科技领域的从业人员相向而行，并与政府监管者、立法者进行积极有效和制度化的互动。

所有这些问题需要教育界的重视，需要我们通过深刻的改革和创新，建立一个面向全民的数字素养与技能提升体系，一个数字化赋能的终身学习体系。

学习本来辛苦，终身学习则更加不易，但上述问题是全人类都将面临的挑战。只有那些能够克服挑战、不断提升自己的人，才能够建立显著的竞争优势，对国家与民族也同样如此。我们作为教育界的一分子，力求为全民提供数字化赋能的、高效的、可持续改进的终身学习服务，包括：

◆ 以数字素养与技能提升为抓手，从理念、方法、工具等各层面促进更多人加入终身学习的行列中。

◆ 通过数字能力标准测评了解全民数字素养与技能水平现状，有针对性地研发高品质、易推广的数字素养与技能提升课程产品；并进一步面向不同人群、针对不同的提升目标，提供丰富的数字素养与技能提升路线图及解决方案。

◆ 建立数字能力测评与提升的标准体系，充分结合体制内外的教育产业链，共同为全民提供数字素养与技能提升服务。

2023 年初，华东师范大学依托国家级全民数字素养与技能培训基地，发布了中国版《数字素养框架》，并以此作为上述服务的基础。该框架描述了面向全民的数字素养与技能包含的领域，以及在各个领域中具体素养的不同成熟度水平。该框架参考了欧盟的《公民数字竞争力框架》(*The Digital Competence Framework for Citizens*)和联合国教科文组织的《全球数字素养框架》(*Digital Literacy Global Framework*)，结合中国自身特点，从通用数字设备和应用软件、信息与数据、沟通与协作、创建数字内容、构建数字工具、数字安全、数字思维与问题解决，以及特定职业相关等8大领域，构建了包含30种具体素养、5种成熟度水平的数字素养框架。

教育数字化转型的核心是提升学生的数字素养，培养数字化人才，而数字化人才培养的重要抓手是数字素养框架。只有明确了数字素养框架，才能确定要培养哪些数字素养，并基于数字素养开发课程和选择教学模式与方法，最后对学生的数字素养进行评价，确保数字化人才培养的成效。本丛书正是在这样一个大框架下，试图系统地梳理上述内容，为广大读者提供一系列精品课程和教学内容，全面落实"数字素养与技能提升"的目标。

希望本丛书的出版能够为我国的网络强国、数字中国、智慧社会的建设作出一份贡献。

| 数字素养提升宣言 | |
| --- | --- |
| 完整版 | 关键词版 |
| 提升探索与学习能力比掌握静态知识更重要 | learning to learn |
| 计算机科学普及教育是提升全民数字能力的最佳途径 | computer science for all |
| 有趣又实用的课程是成功的关键 | next generation digital courses |
| 用好大众喜闻乐见的数字教育和媒体工具 | e-learning on any platform |
| 构建全民参与的终身学习社会 | everyone and everywhere |

全民数字素养与技能提升丛书编写组

2023年5月

# 前　言

2021年11月，中央网络安全和信息化委员会印发《提升全民数字素养与技能行动纲要》，明确提升全民数字素养与技能是顺应数字时代要求，提升国民素质、促进人的全面发展的战略任务，是实现从网络大国迈向网络强国的必由之路，也是弥合数字鸿沟、促进共同富裕的关键举措。以“数字素养与技能提升”为目标的高校计算机通识教育的改革，既是全民数字素养与技能提升的必要路径之一，也是提高高等教育教学质量的一项创新改革举措。

在高校现阶段的计算机通识教育中，新生的计算机水平参差不齐，既有基础扎实、数字素养较好的学生，也有基础薄弱的学生。若给新生讲授相同的教学内容，必然导致有些学生“吃不饱”，有些学生“吃不了”。尽管很多高校会按学生的专业将计算机公共课分成几个不同的教学大类，便于教师开展分层教学，但同一大类上千名学生的计算机水平差异仍然不容忽视。因此，有必要在新生入学时，借助教材、教学平台和个性化学习系统，帮助学生补短板，让学生的计算机基础水平得到迅速提升，为后续课程的学习打下坚实的基础。这正是本系列教材编写的初衷，也是提升全民数字素养与技能的重要一环。

本系列教材既可作为高校计算机通识课程的入门教材或高校新生学习计算机基础核心知识的参考教材，也可供高中生根据自身能力、兴趣或需要进行自主选学。教材具有零起点、知识覆盖面宽、知识点讲解浅显易懂、基础知识和应用紧密结合等特点。

《网络与数字安全》是本系列教材的第三册，为大学新生介绍计算机网络、数字安全等方面的基础知识，提升学生基本的信息素养及技能，为后续的学习打基础。

本书共分4个单元：第1单元计算机网络基础，主要介绍计算机网络的概念、计算机网络的分类和新兴的网络技术。第2单元网络体系结构，主要介绍计算机网络拓扑结构、网络协议与网络体系结构、网络传输介质和常见的网络连接设备。第3单元互联网接入、故障排查与网络服务，主要介绍互联网接入方式、IP地址及其配置、常用的网络命令、网络故障排除及常用的网络服务等。第4单元数字安全，主要介绍数字安全含义、数字安全威胁、数字安全技术与措施、数字安全与社会等内容。

本书配有多媒体课件、在线练习、在线实训等丰富多样的学习资源，读者可通过"水杉在线"网站（https://www.shuishan.net.cn/education/）获取。本书及线上资源的疏漏及不妥之处，恳请读者批评指正。如有任何意见和建议，请发送邮件至dl4all@126.com。

# 目　录

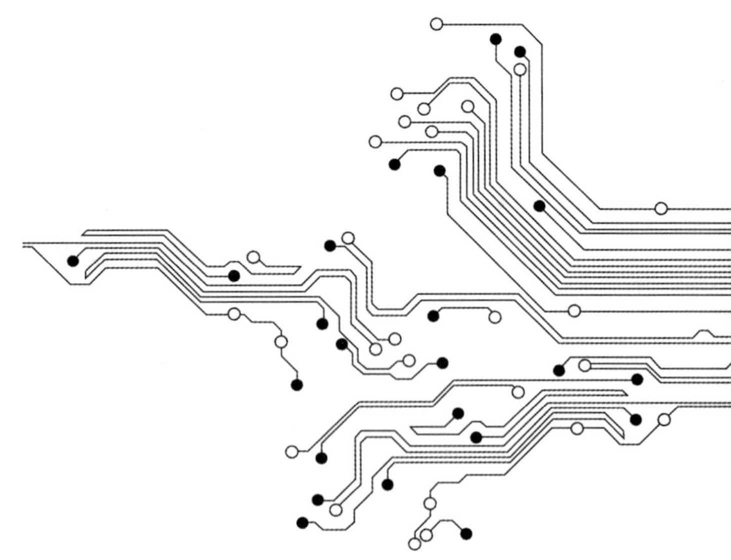

# 第1单元

# 计算机网络基础

小婕是一名大学一年级学生，刚刚进入大学的她，发现学校里的网络无处不在。无论在校园何处，师生们都可以随时随地上网。例如：有的人在图书馆，通过网络访问在线图书馆或在线学术数据库，开展课题研究；有的人在食堂，通过网络支付餐费；有的人在草坪上，通过网络访问招聘平台查找实习和工作机会；有的人在宿舍中，通过网络与教师和同学讨论学习问题。

小婕很想知道大学校园的网络是如何构建的，于是她从学校的计算机房开始探索。她发现计算机房中有一个机器，上面插着很多网线。查阅资料后，她了解到这是交换机。计算机房里的所有计算机通过交换机连接在一起，形成了一个小型的局域网。整个校园网则由多个这样的局域网构成。

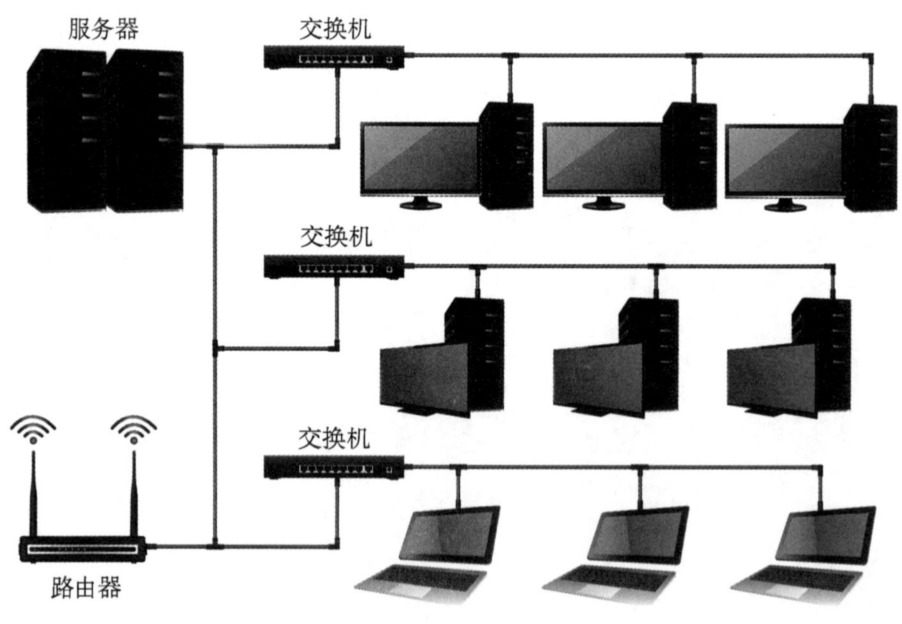

计算机网络(简称网络)诞生于20世纪60年代,是通信技术与计算机技术相结合的产物。随着网络技术的发展,计算机网络已经融入人们的日常生活,深刻地改变着人们的生活方式。

在本单元中,我们将了解计算机网络的起源与发展、定义与功能、组成与分类等基础知识,以及云计算、物联网、5G等新兴的网络技术。

## 学习目标

1. 了解计算机网络的概念、功能、起源及发展历史。
2. 掌握计算机网络的分类及特征。
3. 了解云计算、物联网及5G等新兴网络技术。

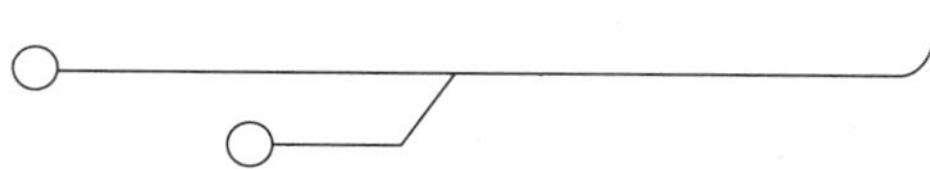

# 1.1

# 计算机网络概述

如今，计算机网络突破了人们信息交流的时空限制，拉近了人与人、人与世界的距离，对社会发展和人们的生产、生活产生了深刻的影响。计算机网络从20世纪60年代诞生至今，经历了从无到有、从简单到复杂的漫长发展阶段。

## 1.1.1 计算机网络的起源与发展

### 1. 早期的网络

在计算机网络产生之前，通信主要依靠公共电话网络，即传统电信网。传统电信网采用的技术称为电路交换。在通话前必须先拨号，只有拨号呼叫成功，主叫端到被叫端建立起一条物理通路，通信双方才能相互通话。双方通话完毕挂机后，通信的物理通路便自动释放。传统电信网非常脆弱，一旦正在通信的电路中有一个交换机或一条线路出了故障，整个通信线路都会中断。在战争中，这个缺陷可能带来灾难性后果。为避免这样的后果，有人在20世纪60年代初提出要研制一种崭新的、在战争环境下生存力很强的网络，于是设计了分组交换网络。

与传统电信网采用电路交换技术不同，分组交换网络采用分组交换技术，其核心技术是存储转发技术。发送方假设要传送一批数据（又称报文）给接收方，会先将要发送的报文划分成一个个等长的数据段，并在每一个数据段前面加上首部。首部（又称包头）通常包含源地址和目的地址等重要信息。这些信息能够帮助数据段在网络中独立地选择路径（路由）。添加了首部的数据段称为分组，是分组交换网络中传送的基本数据单元，如图1-1所示。

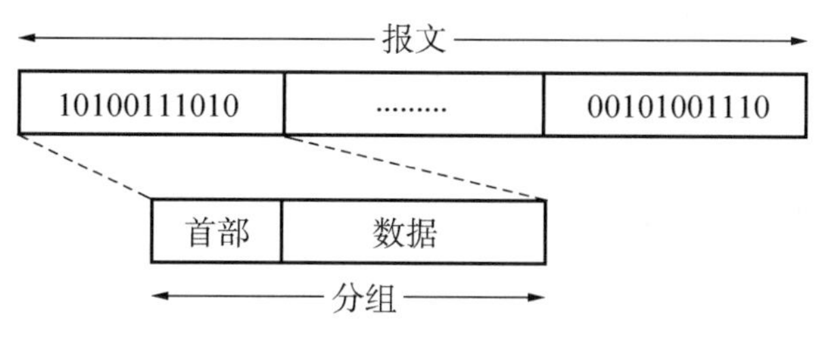


图1-1　分组的结构

分组交换网由若干个被称为节点交换机的计算机设备和连接这些交换机的链路组成。每一个节点交换机都有一组输入端口和一组输出端口，分别与不同的交换机相连。当节点交换机从某个输入端口接收到分组后，会暂存在交换机的内存中，接着查找预存在交换机里的路由表（路由表中包含到何目的地址应从何端口转发的信息），然后将分组从查找到的端口转发出去。

分组交换网中，各个分组依据保存在首部的目的地址在网络中独立传送，不同分组走的路径可能会不一样。接收方收到这些分组后可将之按一定顺序重组为完整的报文。在通信过程中，分组交换网不需要事先建立一条完整的链路，各分组是独立选择路由的。这与邮局寄送信件有点类似，每封信都写有收件人的地址，邮局会根据该地址独立递送，即使同一目的地址，可能递送的路径也会有区别。

分组交换的好处是在通信过程中，分组对通信链路是逐段占用的，即整个通信链路中只有当前正在传输分组的那一段通信链路被占用，其他各段空闲，可用于别的分组的传输。所以，分组交换很适合传输具有突发式特点的计算机数据，可使得通信线路的利用率大大提高。分组交换还提高了网络的可靠性。分组交换网常采用网状拓扑结构，到同一目的地址一般有多条路径可选。当发生网络拥塞或少数节点、链路出现故障时，可灵活地改变路径而不至于引起通信的中断或全网的瘫痪。但分组交换也存在缺点，即各节点在存储转发时，因需要排队，会造成一定的时延，当网络通信量较大时，时延可能会很大。同时，各分组所携带的控制信息也会占用信道。整个分组交换网还需专门的管理和控制机制。

分组交换网与传统电信网有什么区别？

**2. 互联网**

采用分组交换技术的分组交换网络逐渐普及，成为现代计算机网络的前身。1969年12月，一个包含4个节点的实验网络运行了，这便是ARPANET最初的形式。随着技术的发展，ARPANET范围逐渐扩大，到20世纪80年代，联网的主机已超过千台。同时期，美国国家科学基金会建设了国家科学基金网NSFNET，ARPANET与其合并后改名为因特网（Internet）。因特网早期主要用于科学研究，使用者是一小部分科研人员。20世纪90年代万维网的出现，使互联网普及开来。万维网（World Wide Web，WWW或Web）由欧洲原子核研究组织开发，基于客户机/服务器方式的信息发现技术和超文本技术。客户机/服务器方式指一对通信的程序，一方请求服务，另一方提供服务。万维网中提供服务的是WWW服务器（或称Web服务器），它通过超文本标记语言（hyper text markup language，HTML）把信息组织成为图文并茂的超文本，利用链接从一个站点跳到另一个站点，彻底简化了信息查询的方式。万维网中请求服务的是用户的浏览器。用户通过浏览器能轻松地请求和查看网页。有了万维网，互联网的使用变得非常简单，大量用户开始使用互联网。进入21世纪，由各种网络组成的互联网发展成为一个覆盖全球的信息资源海洋，内容服务覆盖社会生活的方方面面。

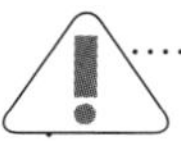

计算机网络的概念在不同时期有不同的含义。早期的面向终端的计算机网络是以单个主机为中心的星形网，很多自身没有处理能力的终端设备，通过通信线路连接中心主机，共享昂贵的中心主机的硬件和软件资源。而分组交换网络则以网络为中心，依靠网络中的节点交换机来转发分组，从而实现数据传输。主机和终端都处于网络的外围，构成用户的资源子网。用户通过分组交换网络可共享用户资源子网的许多软硬件资源。

1993年，互联网服务提供商(the internet service provider，ISP)开始出现，为用户上网提供服务。之后，互联网逐渐演变为多层次ISP结构的网络。现在，互联网已经发展成全世界无数ISP所共同拥有的网络。

如今互联网已成为全球产业转型升级的重要助推器。互联网正在为全球产业发展构建起全新的发展和运行模式，推动产业组织模式、服务模式和商业模式全面创新，加速产业转型升级。2015年3月5日，中国政府提出“互联网+”行动计划，希望利用信息技术及互联网平台，让传统行业完成产业升级，创造新的发展生态。具体来说，是通过传统产业的互联网化来完成产业升级。在传统产业中运用开放、平等、互动等网络特性，通过大数据的分析与整合，可厘清供求关系，改造传统产业的生产方式、产业结构，增强经济发展动力，提升效益，从而促进国民经济健康有序发展。目前，互联网已经成为全球技术创新、服务创新、业态创新和商业模式创新最为活跃的领域。互联网与传统产业的深度融合，定会成为未来全球创新驱动发展的引领者和重要力量。

什么是“互联网+”？它有何意义？

### 3. 新型的网络

随着计算机网络技术与移动通信技术、射频识别技术、传感器技术等前沿技术的进一步融合，移动互联网、物联网等新型的网络不断涌现。计算机网络正向开放化、集成化、高性能化的趋势发展。

移动互联网克服了传统计算机网络受地理位置限制的缺点。只要在移动互联网信号的覆盖范围内，用户就可以通过手机、平板电脑等智能移动终端随时随地联网。移动互联网具有可识别、便携带等特点，支持移动支付、位置服务、移动社交、在线游戏、文件下载、新闻阅读等业务。移动互联网支持的业务正朝着个性化和定制化的方向发展，成为网络发展的一个新热点。

物联网(internet of things，IoT)可以看成是物物相连的互联网。它将射频识别(RFID)、传感器、全球定位系统、激光扫描器等，通过网络协议与互联网相连接，实现信息交换和通信。目前，物联网已广泛地应用于工业、医疗、交通、金融及安防等领域，成为技术与产业创新的一个重要方向。

## 1.1.2 计算机网络的定义与功能

计算机网络是指将地理位置不同的具有独立功能的多台计算机及其外部设备，通过通信线路连接在一起，在网络操作系统、网络管理软件及网络通信协议的管理和协调下，实现资源共享和信息传递的系统。

计算机网络具有共享硬件、软件和数据资源的功能，具有对共享数据集中处理、管理和维护的能力。如图1-2所示为一个简单的计算机网络。

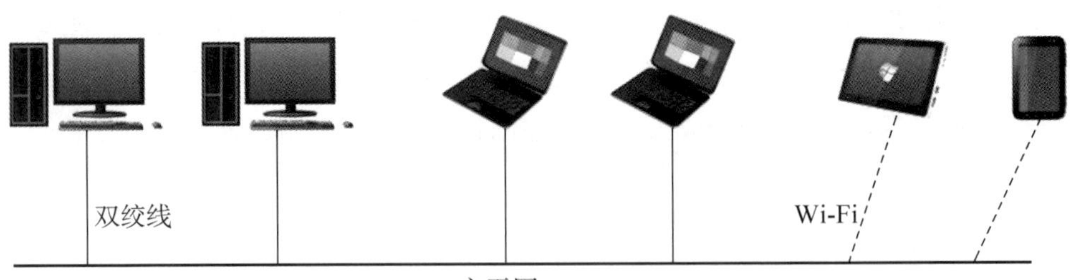


图1-2 简单的计算机网络示例

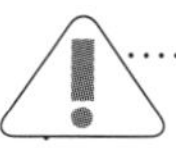

计算机网络是计算机技术与通信技术相结合的产物，主要采用分组交换技术来实现数据传递，本质上属于分组交换网络。

计算机网络的主要功能是资源共享和数据通信。一方面，联网的计算机之间能很方便地进行信息通信和数据传输。另一方面，人们利用计算机网络，不仅可以共享硬件设备，还可以共享软件、资料或数据等。

计算机网络还增强了计算机系统的可靠性。例如，多个独立的计算机系统如果通过网络互联成为一个集群系统，则可靠性会大大增加。因为如果集群系统中的某台计算机发生故障，网络中的其他计算机就可以顶上并替代其功能，从而使这个集群系统的可靠性大为提高。同时，通过联网，各计算机之间可负载均衡，避免某些特定的计算机因过载而失效。

计算机网络的主要功能是什么？

## 1.1.3 计算机网络的组成

典型的计算机网络根据功能可分为资源子网和通信子网两部分。资源子网由主机、终端和外设、软件资源与信息资源组成，主要负责全网的信息处理，为网络用户提供网络服务和资源共享功能。通信子网实际上是分组交换网，由节点交换机、通信线路和其他通信设备组成，主要负责全网的数据通信，为网络用户提供数据传输、转接、加工和变换等通信处理工作。

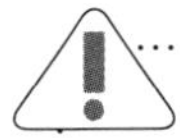

在现代的广域网结构中，资源子网可看成由所有接入互联网的、能提供资源服务或资源共享的计算机或设备组成通信子网中的节点交换机则由路由器和交换机或集线器等网络设备所替代。

计算机网络一般由网络硬件和网络软件组成。

网络硬件指计算机网络中所采用的物理设备，包括网络服务器、网络工作站，以及网络传输介质和网络连接设备等网络设备。

网络软件大致包括网络系统软件和网络应用软件。网络系统软件是控制和管理网络运行、提供网络通信和网络资源分配与共享功能的网络软件。它为用户提供访问网络和操作网络的友好界面，主要包括网络操作系统、网络协议软件和网络通信软件等。网络应用软件则是为某一个应用目的而开发的网络软件，如网络管理监控程序、网络安全软件等。

目前主流的计算机操作系统，如Linux和Windows，内部都集成了基本的网络软件，支持与互联网的连接。

# 计算机网络的分类

计算机网络可按多种方式分类,如覆盖范围、使用范围、传输介质、应用类型等。

## 1.2.1 按覆盖范围分类

按覆盖范围划分,计算机网络可分为局域网、城域网和广域网三类。

### 1. 局域网

局域网(local area network,LAN)一般是指使用局域网技术(如以太网)构建而成的一个区域网络。其覆盖范围在几十米至数千米,如一幢建筑物或一个校园。

局域网传输速率较高,现在已达到1000Mbps。局域网组网简单,性能稳定。联网的计算机可以共享局域网内的各类资源,如打印机和文件。

### 2. 城域网

城域网(metropolitan area network,MAN)的覆盖范围在几十千米至数百千米,如一个城镇。城域网是对局域网的延伸,可用来连接局域网。

### 3. 广域网

广域网(wide area network,WAN)的覆盖范围在数百千米至数千千米,甚至上万千米,可以覆盖一个地区或一个国家,甚至世界上的各大洲。

广域网通常是利用电信部门提供的主干网或各种公用交换网,将分布在不同地区的计算机系统连接起来,达到资源共享的目的。互联网是典型的广域网。

广域网使用的主要技术为存储转发技术。

校园网一般属于哪一类网络?

## 1.2.2 按使用范围分类

按使用范围划分,网络可分为公用网和专用网两类。

**1. 公用网**

公用网通常由电信部门组建、管理和控制,例如公共电话交换网PSTN、数字数据网DDN、综合业务数字网ISDN等。公用网的传输和交换装置可提供(如租用)给任何单位或部门使用。

**2. 专用网**

专用网是由某个特定单位或部门组建,不允许其他单位或部门使用的网络,例如金融、石油、铁路等行业的专用网。专用网的使用单位或部门可以租用电信部门的传输线路,也可以自己铺设线路(成本非常高)。

## 1.2.3 按传输介质分类

根据传输介质划分,网络可分为有线网和无线网。

**1. 有线网**

有线网指采用同轴电缆、双绞线、光纤等有线介质来传输数据的网络。

**2. 无线网**

无线网指采用无线电波、微波、激光等无线介质来传输数据的网络。

## 1.2.4 按应用类型分类

按应用类型划分,计算机网络又可分为内联网、外联网及互联网。

**1. 内联网**

内联网(intranet)是指一个公司、一个学校等组织的内部网,由内部计算机及设备、网络环境、软件平台等组成,通常只允许访问内部的数据或在内部进行资源共享,不允许访问外部网络和互联网。内联网与互联网采用的技术、通信协议相同,但通过防火墙与外部网络隔离,常被形象地称为建立在企业防火墙内的互联网。

**2. 外联网**

外联网(extranet)是不同组织之间,基于互联网或其他公网设施构建的合作网络。使用者可以通过不同的技术对外联网进行访问,如使用IP通道、VPN或者专用拨号网络。

外联网与内联网一样通过防火墙与外部网络隔离,但其开放性介于公用的互联网和专用的内联网之间。

如图1-3所示为企业内联网和企业外联网的示意图。

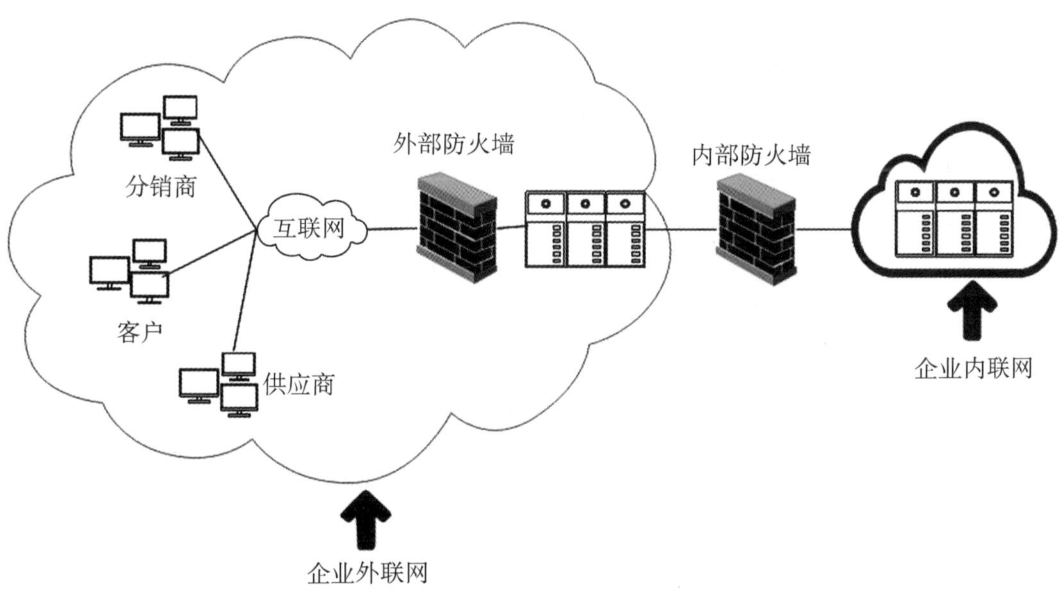


图1-3　内联网与外联网

**3. 互联网**

互联网(Internet)的内容详见1.1.1。

# 1.3

# 新兴的网络技术

近年来，新兴的网络技术不断涌现，给人们的社会生活带来了许多变化。本节重点介绍云计算、物联网、5G技术等新兴的网络技术。

## 1.3.1 云计算

云计算是新兴网络技术的典型代表。云计算作为一种共享资源的模式，可以将规模庞大的软、硬件资源有机地组织在一起，通过网络向外界提供服务，通过互联网即时获得超级计算能力。

云计算将计算资源、存储资源以及其他各类资源通过网络以服务的形式提供给用户。用户通过云计算可使得自己的计算机不受本地资源的限制，这改变了传统信息技术架构中物理资源直接被独占使用的模式。云计算在我们的日常生活中应用越来越广泛，例如网盘、在线会议系统等都采用云计算。

云计算作为一种新型的计算模式，具有以下特点：

①按需自助服务。云计算有IaaS（infrastructure as a service，基础设施即服务）、PaaS（platform as a service，平台即服务）、SaaS（software as a service，软件即服务）等服务模式。用户可以根据自己的需要选择其中的一种模式，并进行不同配置，也可根据自己的需求购买需要的服务。整个过程一般是用户自助完成的，不需要第三方干预。

②广泛的网络接入。云计算必须依赖网络连接，尤其是互联网。有了互联网，云计算才能实现远程、随时随地访问IT资源。

③资源池化。资源池化是实现按需自助服务的前提之一。通过资源池

化可以实现资源以共享资源池的方式统一管理,以便用户按需使用。在云计算中,可以被池化的资源包括计算、存储和网络等。

④快速弹性伸缩。云计算具有弹性伸缩能力,可帮助云用户根据自己的需要,自动透明地扩展或收缩IT资源以节省成本。例如用户为了应对热点事件的突发大流量,可临时自助购买大量的虚拟资源进行扩容。当热点事件降温,访问流量趋于下降时,又可以将这些新增加的虚拟服务器释放,这种行为就是典型的快速弹性伸缩。

快速弹性伸缩包括多种类型。除了人为手动伸缩,云计算还支持根据预设的策略进行自动伸缩。伸缩内容可以是增加或减少服务器数量,也可以是对单台服务器进行资源的增加或减少。

⑤可计量服务。计量是利用技术或其他手段实现单位统一和量值准确可靠的测量。云计算中的服务都是可计量的,有的根据时间,有的根据资源配额,有的根据流量。计量服务可帮助用户准确地根据自身的业务进行自动控制和优化资源配置。

## 1.3.2 物联网

物联网被称为物物相连的互联网,这包含两层含义:(1)物联网的核心和基础是互联网,物联网是互联网的延伸和扩展;(2)物联网的终端扩展到普通非智能的物品,使普通物品也能接入网络并实现物品之间的互联。物联网采用多种技术,可实现对物品的智能化识别、定位、跟踪、监控和管理。物联网使用的主要技术有以下几种。

(1) RFID

贴在普通物品上的电子标签采用RFID(radio frequency identification,射频识别)技术保存物品的属性、状态、编号等信息。RFID可利用无线射频方式对电子标签进行读写(通常是非接触方式),从而识别物品并实现人与物或物与物的数据交换。RFID技术使得无智能的普通物品只要贴上电子标签,便可以接入物联网,从而使物品具有一定的交互能力。

(2) 传感器技术

传感器是一种包含敏感元件和转换元件的检测装置，能感知被测量的信息，并将其按一定规律变换成为电信号或其他所需形式的信息输出，以满足信息的传输、处理、存储、显示、记录和控制等要求。根据其基本感知功能，传感器可分为热敏、光敏、气敏、力敏、磁敏、湿敏和声敏等各种类型。在物联网中，传感器主要用于信息采集和简单处理，可看作物联网运行的基础。

### 1.3.3 5G技术

随着移动互联网产业的发展，越来越多的移动设备接入移动通信网络。为满足移动数据日益增长的需求，5G应运而生。

5G指第五代移动通信技术，是目前最新的移动通信技术。5G最基本的三个性能指标是用户体验速率、连接数密度和时延。

5G是一项复杂的新兴网络技术。中国的华为公司在5G的标准制定和产品开发方面居于国际领先地位。

5G技术具有很多杰出的性能，如峰值速率可达到10~20Gbps，能够满足高清视频、虚拟现实等大数据量传输；空中接口时延低至1ms，能够满足自动驾驶、远程医疗等实时应用；具备百万连接/平方千米的设备连接能力，能满足物联网中庞大数量设备间的通信。目前，5G技术已在工业、车联网与自动驾驶、能源、医疗和文旅等诸多领域获得广泛应用。据统计，截至2023年2月，5G已经覆盖我国所有地市一级和所有县城城区及87%以上的乡镇镇区，建成并开通的5G基站超过238.4万个，5G手机终端连接数达到5.92亿户。

# 单元小结

## 思维导图

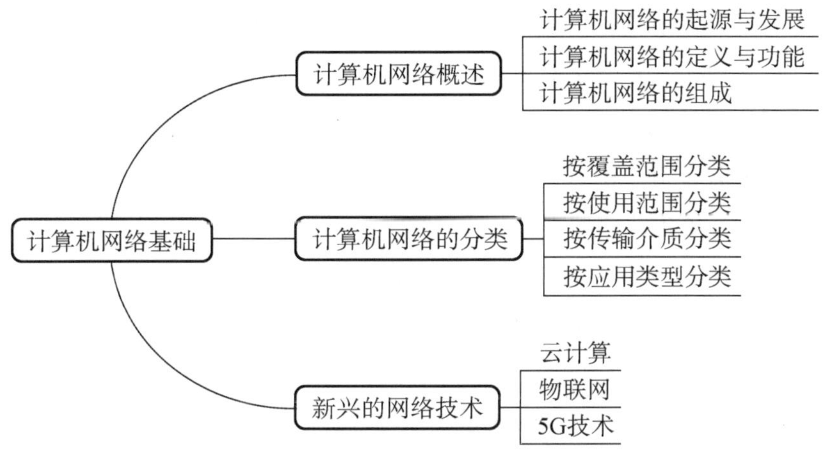


## 综合练习

### 一、单选题

1. 相比传统电信网，________不属于分组交换网的优势。

A. 适合传输具有突发式特点的计算机数据

B. 缩短了信息传输的时间

C. 提高了通信线路的利用率

D. 提高了网络的可靠性

2. ________技术的出现，使互联网普及开来。

A. 电报　　B. 计算机　　C. 万维网　　D. 物联网

3. 下列选项中，属于新型网络的是_______。

A.万维网　　B.移动互联网

C.电信网　　D.ARPANET

4. 计算机网络建立的一个主要目的是实现计算机资源的共享。计算机资源主要指计算机______。

A. 软件与数据库　　B. 服务器、工作站与软件

C. 硬件、软件与数据　　D. 通信子网与资源子网

5. 计算机网络的网络系统软件通常不包含________。

A. 网络协议软件　　B. 网络通信软件

C. 网络操作系统　　D. 网络杀毒软件

6. 局域网和广域网是以______来划分的。

A. 网络的使用者　　B. 信息交换方式

C. 网络的覆盖范围　　D. 网络中计算机的物理地址

7. 下列关于企业内联网的说法,错误的是_________。

A. 内联网一般通过防火墙与外网隔离

B. 内联网一般采用TCP/IP作为通信协议

C. 内联网通常只允许用户访问内部的数据中心或内部的共享资源

D. 所有内部用户都可无差别地访问内联网

8. 云计算的主要服务模式不包括________。

A. IaaS　　B. JaaS　　C. PaaS　　D. SaaS

9. RFID技术中,_________保存着一个物体的属性、状态、编号等信息。

A.RFID标签　　B.RFID阅读器　　C.天线　　D.蓝牙

10. 下列关于5G技术的说法,不正确的是_______。

A. 5G是第五代移动通信技术的简称

B. 5G技术的峰值速率可达到10~20Mbps

C. 具备百万连接/平方千米的设备连接能力

D. 5G已进入大规模的商用阶段

## 二、填空题

1. 网络操作系统、网络协议软件和网络通信软件都是__________。

2. 分组交换网络采用的是分组交换技术,其核心技术是__________。

3. 典型的计算机网络根据功能可分为资源子网和__________两部分。

4. 网盘、在线会议系统等都运用了__________这种新兴网络技术。

5. IPv6采用__________个字节来表示IP地址，有效解决了物联网中网络地址资源数量严重不足的问题。

## 三、简答题

1. 互联网是怎样发展起来的？为什么到20世纪90年代互联网得到了巨大发展？

2. 典型的计算机网络根据功能可分为哪两大部分？它们各自的主要功能是什么？

3. 什么是云计算？云计算有什么优势？

4. 什么是物联网？物联网使用的主要技术有哪些？

5. 什么是5G？5G有哪些应用？

## 四、综合题

某企业想组建自己的计算机网络，分析下列不同的需求并解答问题。

1. 该企业如果自行建网，实现内部资源共享并接入互联网，需要哪些硬件和软件？

2. 该企业组建的网络，按覆盖范围划分，属于哪一类网络？如果企业要求内部网络与外部互联网采用防火墙进行隔离，但内部网络使用与互联网相同的技术，按应用类型划分这样的网络是哪类网络？如果该企业还想对部分协作企业开放其内部网络的一些服务，允许其使用IP通道、VPN或者专用拨号网络来访问开放的资源，可以构建哪种类型的网络？

# 参考答案

## 一、单选题

1. B　2. C　3. B　4. C　5. D　6. C　7. D　8. B　9. A　10. B

## 二、填空题

1. 网络系统软件　2. 存储转发技术　3. 通信子网　4. 云计算　5. 16

## 三、简答题

略

## 四、综合题

1. 需要的网络硬件包括计算机、网络传输介质、网络连接设备等。需要的网络软件主要包括网络协议软件、网络通信软件、网络操作系统等。

2. 按覆盖范围划分,属于局域网。这类网络按应用类型划分,是内联网。如需向协作企业开放其内部网络的一些服务,可构建外联网。

# 第2单元

# 网络体系结构

互联网连接了整个世界，人们可以随时保持联系、交换信息。目前，全世界超过95% 的跨国数据传输都由海底光缆承担。可以说，海底光缆是保证全球各大区域网络互联互通的主动脉。

海底光缆利用光在光导纤维（光纤）中的传播特性来传输数据。光纤是互联网主要的传输介质之一，能够长距离传输信号。光纤网络具有高带宽、低延迟、低干扰、高可靠性等优点。

2023 年 3 月 29 日，全球最大、国内首艘万吨级远洋通信海缆铺设船“龙吟 9 号”在江西九江下水。“龙吟 9 号”可以一次性完成从中国跨越太平洋的海底光缆铺设，是我国第一艘万吨级DP2远洋铺缆船，其研发、设计、制造实现了完全自主可控。

计算机网络是支撑信息社会的重要基础设施之一。两台计算机要正常通信是非常复杂的过程，需要网络硬件、软件以及相应的通信协议共同协作才能完成。在计算机网络的基本概念中，分层次的体系结构是最基本的。了解计算机网络体系结构的分层结构，掌握不同层次的功能和相应协议，有助于理解计算机通信的工作过程。

在本单元中，我们将学习网络体系结构与网络协议，以及网络拓扑结构、网络传输介质和网络连接设备等内容。

## 学习目标

1. 了解常见的网络拓扑结构。

2. 掌握网络协议和网络体系结构的概念，了解TCP/IP参考模型。

3. 认识常见的网络传输介质。

4. 认识常见的网络连接设备。

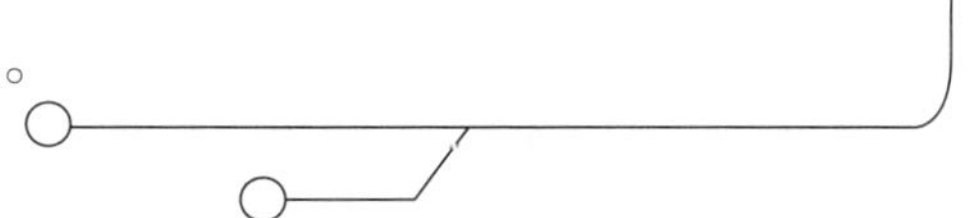

# 2.1

# 网络拓扑结构

拓扑结构是指网络通信线路与各节点(计算机、智能终端或网络连接设备)之间的结构形式。网络拓扑结构可划分为:总线型结构、星形结构、树形结构、环形结构、网状结构等,如图2-1所示。网络拓扑结构与网络性能、使用的网络技术关系紧密。

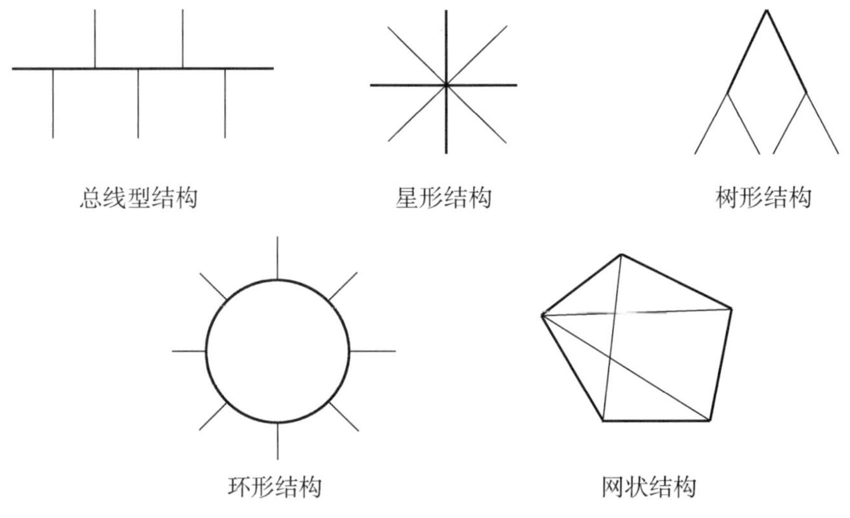


图2-1　计算机网络拓扑结构

## 2.1.1 总线型结构

由一条总线连接若干个节点形成总线型结构,使用此结构的网络称为总线型网络。总线型网络采用广播通信方式,即由一个节点发出的数据可被网络中的多个节点接收。用作总线的通信线路可以是双绞线、同轴电缆,也可以是光缆。

总线型结构因其结构简单,可扩充性好,应用广泛;节点间响应速度快,共享资源能力强;网络设备投入量少,安装方便,建设成本低;但总线的性能对网络的可靠性有较大影响。

## 2.1.2 星形结构

以中央节点为中心,把若干外围节点连接起来的结构称为星形结构,使用此结构的网络称为星形网络。星形结构中,中央节点对各外围节点间的通信和数据交换进行集中控制和管理。

星形网络搭建容易,可扩充性好,管理方便;但中央节点是整个系统的中枢,如果中央节点出现故障,整个网络则会瘫痪。

星形结构在局域网中被广泛使用。星形结构的中央节点通常是集线器、交换机或路由器等设备。

## 2.1.3 树形结构

树形结构中,各节点(一般为计算机)形成一个树形的层次结构。使用此结构的网络称为树形网络。

树形网络中低层计算机的功能和应用有关,都具有明确定义和专业性很强的任务,如数据的采集和变换等,而高层的计算机还具备管理功能,以便协调系统的工作,如数据处理、命令执行和综合处理等。

树形网络的层次不宜过多,以免高层节点的管理负荷过重。

## 2.1.4 环形结构

在环形结构中,节点通过点到点通信线路连接成闭合环路,数据沿环中的一个方向逐节点传送。使用此结构的网络称为环形网络。

环形结构简单,传输延时确定,但是环中每个节点与连接节点之间的通信线路都会成为网络可靠性的风险点，一旦出现故障会影响整个网络的正常运行。环形网络中节点的加入、退出、环路的维护和管理都比较复杂。

### 2.1.5 网状结构

网状结构中，各节点通过传输线路相互连接起来，且任何一个节点都至少与其他两个节点相连。采用网状结构的网络具有较高的可靠性，但其结构复杂、不易管理和维护，因此实现起来费用较高。

广域网大多采用网状结构。

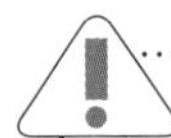

从上面的介绍可知，每一种拓扑结构都有各自的优缺点。实际应用中，一些大型网络通常都不是某种单一的拓扑结构，而是混合多种拓扑结构，以充分发挥各种结构的特长。

# 网络协议与网络体系结构

计算机网络通信过程比较复杂。为使复杂的问题简单化，通常采用“分层”的方法，将协议按不同功能分配给不同的层次，每一层只完成相对简单的功能。

## 2.2.1 网络协议与划分层次

两台计算机要实现通信，需要解决以下问题：首先，这两台计算机之间须有一条传送数据的通路；接着，发送方计算机要知道接收方计算机是否已经准备好接收数据；当发送方发送数据后，接收方需要判断数据（由0和1组成的二进制串）的开始和结束；还需要判断双方计算机处理的数据格式是否一致，如不一致则要完成格式转换；如果发送方发送数据过快，接收方来不及接收，则接收方需要通知发送方暂缓发送。除此之外，数据传输过程中可能会出现各种差错或意外，双方应当有可靠的机制来应对异常情况，保证数据收发正常。

要解决以上问题，通信双方需高度协调，严格遵守事先约定的规则。这个规则就是网络协议，它是为进行网络中数据交换而建立的规则、标准或约定。网络协议一般很复杂，为了便于协议设计，通常采用“分层”的做法。分层可将庞大而复杂的问题，转化为若干较小的、相对简单的局部问题，从而易于研究和处理。

分层后，各层之间是独立的，每一层并不需要知道它的下一层是如何工作的，而只需要知道下一层能为本层提供什么样的服务即可，该服务是通过层与层之间的接口提供的。由于每一层只实现相对独立的功能，每层功能的复杂程度就大大降低了。分层结构还带来系统灵活性好、易于实现和维护等好处。

计算机网络的各层及其协议的集合，称为网络的体系结构，它可看成是该计算机网络及其构件所应完成的功能的精确定义。目前，主要有如图2-2所示的两种著名的计算机网络体系结构：一种是国际标准化组织（ISO）在20世纪80年代制定的开放系统互连参考模型（open system interconnection reference model，OSI模型），另一种则是被互联网采用的TCP/IP参考模型。OSI模型的7层协议体系结构，概念清楚，但因其既复杂又不实用，几乎没有在工业界得到响应，也无相应的实物产品出现；而TCP/IP参考模型虽然只有4层，但源于实践，简单易用，在互联网上的成功应用使其在市场上得到广泛认可，成为实际的行业标准。目前，几乎所有的网络设备都兼容TCP/IP参考模型。

TCP/IP参考模型中的协议很多。TCP（transmission control protocol，传输控制协议）和IP（internet protocol，互联网协议）是其中具有代表性的协议，因此将模型中的所有协议合称为TCP/IP协议集。该协议集具有如下特点：协议标准开放（与硬件、操作系统无关）、网络编址统一（网络地址具有唯一性），以及标准化高层协议可提供多种服务等。

TCP/IP参考模型的4层中，除了具有实质性内容的应用层、传输层、网络层外，下面还有一层内容几乎为空的网络接口层，这层可以接纳不同类型的局域网络。

综合两种网络体系结构的优点，计算机科学家将OSI模型的最下面2层

| 7 | 应用层 |
|---|---|
| 6 | 表示层 |
| 5 | 会话层 |
| 4 | 传输层 |
| 3 | 网络层 |
| 2 | 数据链路层 |
| 1 | 物理层 |

（a）OSI模型的7层结构

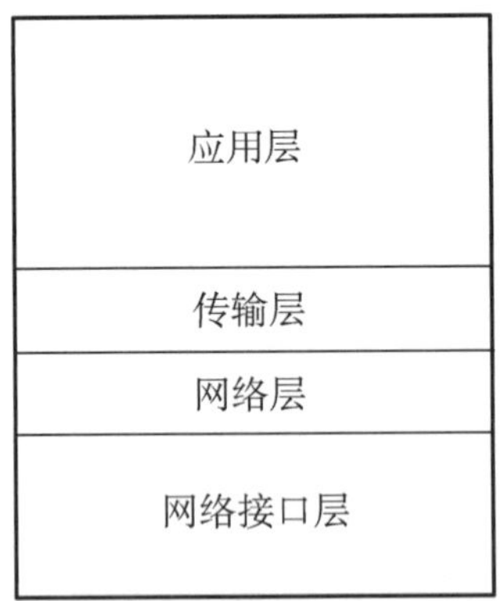


（b）TCP/IP参考模型的4层结构

图2-2 OSI模型和TCP/IP参考模型

(物理层和数据链路层)放在TCP/IP参考模型网络接口层的位置,这样就形成了一个从应用层到物理层的5层网络体系结构,如图2-3所示。

在网络体系结构中,上一层的数据,需要添加必要的控制信息后传给下一层,下一层也会添加自己的控制信息,再依次往下传。到了物理层,由于是比特流传输,所以不再添加控制信息。数据通过物理层下方的传输介质传送,接收方计算机收到数据后,再一层层地向上解析数据。

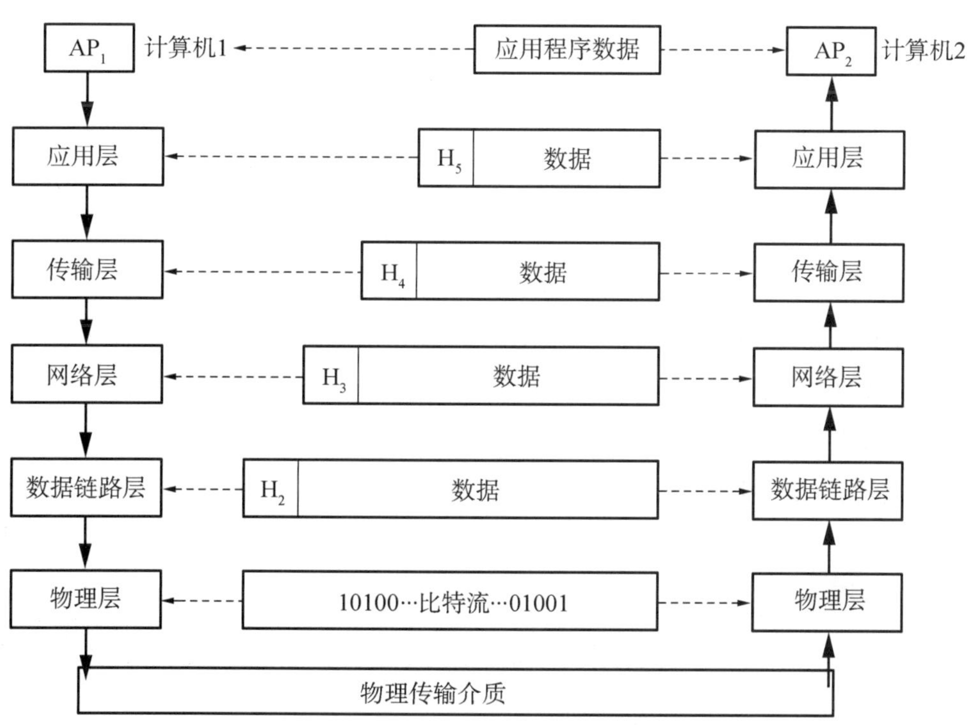


图2-3　数据在各层之间的传输过程

上图中 $H_n$ 部分表示第 n 层为数据添加的控制信息。

## 2.2.2 物理层

物理层的任务是透明地传送比特流，即物理层上所传数据的单位是二进制的比特(bit)。但传送数据利用到的一些物理介质如双绞线、同轴电缆和光缆等，并不属于物理层，而是在物理层的下面，不包含在该网络体系结构中。

物理层要考虑用多大的电压代表“1”或“0”，以及当发送方发出某个比特时，接收方如何识别出这个比特是“1”还是“0”。物理层还需确定连接电缆的插头应当有多少根引脚及这些引脚是如何定义、如何连接的。物理层常用多个协议来完成对所有细节的定义，如RS-232、RS-449、X.21和ISDN等。

## 2.2.3 数据链路层

数据链路层将网络层交付下来的数据组装成帧，每一帧包含数据和必要的控制信息。数据链路层的主要任务是在两个相邻的计算机节点间无差错地传输以帧为单位的数据。在传输数据时，若接收方检测到所收到的数据中有错误，会通知发送方重发这一帧，直到这一帧被接收方正确接收。同时还要避免发送得太快，导致接收方来不及接收。这样，数据链路层就将一条可能出错的实际链路改造成一条无差错的数据链路，供上面的网络层使用。为了做到这一点，帧中需要包含相应的控制信息，如同步信息、地址信息、差错控制信息和流量控制信息等。

数据链路层的主要任务是什么？该层的数据传输单位是什么？

局域网工作的层次包含数据链路层和物理层。由于局域网技术涉及数据链路层的内容较多，IEEE802委员会将局域网的数据链路层分为两个子层：逻辑链路控制（logical link control，LLC）子层和媒体访问控制（medium access control，MAC）子层。

MAC子层中最有名的协议是IEEE802.3标准，即常说的以太网标准（严格说来，以太网是指符合 DIX Ethernet V2 标准的局域网，该标准与IEEE802.3标准只有很小的差别）。以太网是一个广播型的链路，所有的计算机节点连在一条称为“总线”的共享传输信道上，消息的发送采用载波监听多点接入/冲突检测（carrier sense multiple access with collision detection，CSMA/CD）协议。CSMA/CD协议主要解决多个计算机站点争用共享传输信道（总线）的问题。该协议的工作原理是：每个接入的计算机站点在发送数据前先要检测总线上是否还有其他计算机在发送数据，如果有，则暂时不发，以免发生碰撞。一旦检测到总线空闲，便立即发送数据帧，但这时仍有可能出现多个站点同时发送数据造成冲突，所以发送站点发送数据帧后需要继续监听总线，如监听到发生了冲突，则立即放弃此数据帧的发送，然后冲突各方等待一段时间再随机发送。一旦某个站点争得了总线，就可在总线上传输自己的数据。每个数据带有目的地址，虽然总线上连接的所有站点都能收到数据，但只有数据帧目的地址与自己相符的站点才会接收数据帧，其他站点则将数据帧丢弃，如图2-4所示。这个协议中计算机站点的行为可总结为：先听后发，冲突停发，边发边听，随机重发。

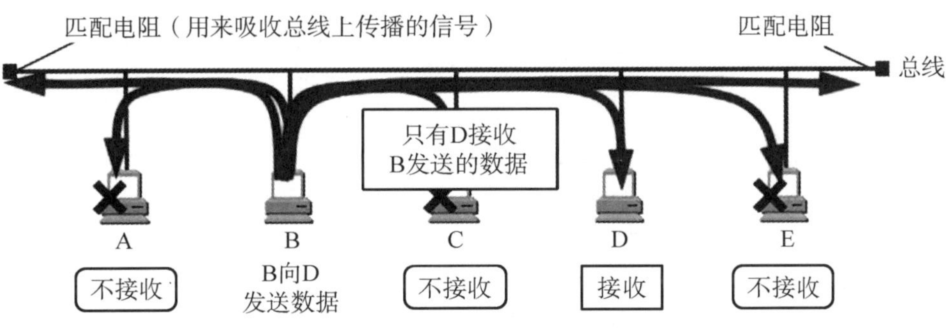


图2-4　CSMA/CD协议的工作机制

以太网一般是指符合哪个标准的网络？以太网上的计算机节点采用什么协议来竞争共享信道？

MAC层上传输的帧称为MAC帧。以太网的MAC帧结构中通常包含目的地址、源地址、类型字段、帧数据及校验字段。其中，源地址和目的地址各占6个字节，称为MAC地址，也叫物理地址。这个地址通常对应的是网卡的地址，网络设备生产商在生产网卡时，会赋予每块网卡唯一的MAC地址。MAC帧的结构如图2-5所示。

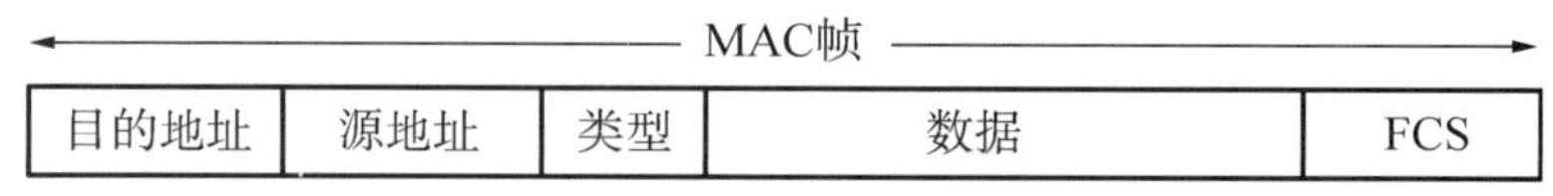


图2-5　MAC帧结构

## 2.2.4 网络层

网络层负责为互联网中的不同计算机提供通信服务。这些计算机可能并不直接相连，两台计算机之间相互通信可能要经过多个中间节点和链路，还可能经过多个通过路由器相连的通信子网。

TCP/IP参考模型中的网络层(internet layer)通常可称为网际层或IP层。

在网络层，数据传送的单位是分组(或称为包)。网络层最主要的任务是选择合适的路由，使发送方发出的分组沿合适的路径传输到接收方。同时，网络层还要为通信双方确定唯一的地址(IP协议通过IP地址来标识互联网中的计算机)。另外,有时受下层传输介质的最大传输单元长度的限制(如以太网的最大传输单元的长度为1500字节),网络层的分组还需细分为尺寸更小的数据包,其分段方法也是在这一层定义的。

## 2.2.5 传输层

传输层的主要工作是负责端到端的通信,这里的"端"是指实际进行通信的计算机中的进程。

现在的计算机都是多任务的操作系统,一台机器上可以同时运行多个应用,如用户可以一边浏览PPT课件,一边听在线音乐,同时计算机还在下载文件。我们可以将一个应用看成一个进程(有的应用对应多个进程),发送方的进程是一个"端",接收方的进程是另一个"端",传输层负责这两个"端"之间的数据传输。具体的数据传输方式有两种,一种是传输前需要通信双方先建立连接,然后保持连接状态传输数据,如发现差错需进行差错恢复,同时还有流量控制等机制。这种方式是面向连接的服务,能够提供可靠的数据交付,但代价是不灵活、效率低。这种方式对应的是TCP协议。另一种方式在传输前不需要双方建立连接,而是根据每个分组自带目的地址按当时的网络状况自行选择传输路径。这种方式是按"尽最大努力交付"(best-effort delivery)的原则来传输数据的,不能保证数据可靠交付,但较灵活、效率高。与之对应的是UDP协议(user datagram protocol,用户数据报协议)。

## 2.2.6 应用层

应用层是网络体系结构中的最高层,直接为用户的应用程序提供通信方面的服务。TCP/IP参考模型的应用层包含大量互联网应用协议,如网页访问(WWW、HTTP)、电子邮件传输(SMTP、POP3)、文件传输(FTP)和远程登录(TELNET)等。应用层协议通常会使用下层协议提供的服务,如用HTTP访问网页时,就调用了传输层的TCP协议来建立数据通路。

# 2.3 网络传输介质

传输介质是网络中传输数据的物理通路，可分为导向性传输介质（有线传输介质）和非导向性传输介质（无线传输介质）两大类。

## 2.3.1 导向性传输介质

导向性传输介质是指信号在其内部会沿确定方向传输的介质，通常指计算机网络中使用的有线传输介质，如同轴电缆、双绞线和光纤等。

**1. 同轴电缆**

同轴电缆由同一轴心的内外两层导体组成，两层导体间有绝缘层，外层导体覆盖有网状屏蔽层（一般为金属材质），最外面包裹有绝缘保护套，结构如图2-6所示。

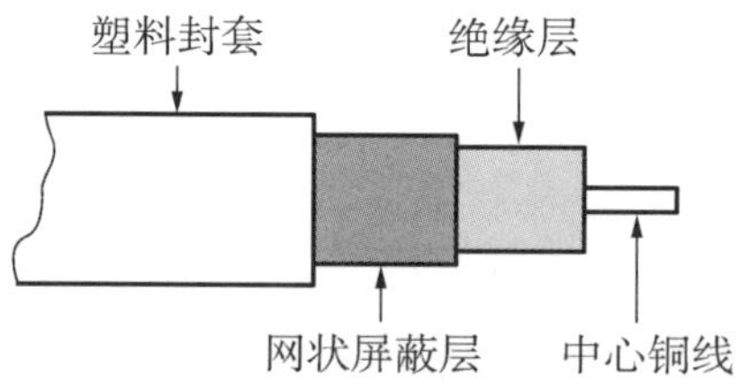


图2-6　同轴电缆

由于增加了屏蔽层，同轴电缆具有较强的抗干扰能力，能够保证数据准确无误地传输较远的距离。但与双绞线相比，同轴电缆价格较高，连网时需要专用的连接头，组网成本高，且故障处理困难，所以现在已不太用于计算机组网，而经常用于有线电视网络中。

### 2. 双绞线

双绞线是一种较常使用的有线传输介质，由两根绝缘的铜线互绞在一起而得名，如图2-7所示。将两根导线绞在一起的目的是减少来自其他导线的信号干扰。通常由4对双绞线组成一根双绞线电缆。

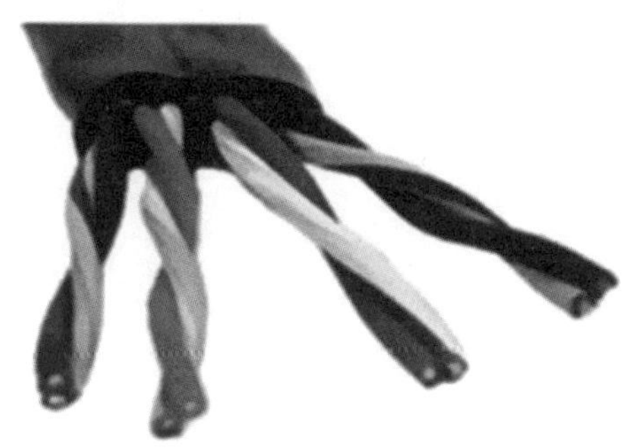

图2-7　双绞线电缆

相较于其他有线传输介质（同轴电缆和光纤），双绞线价格便宜，易于安装使用，但在传输距离、信道宽度和数据传输速度等方面均受到一定限制。

双绞线可分成1~7类，类别越高，性能越好。一般局域网使用3类或5类以上的双绞线。5类双绞线在短距离范围内支持100Mbps以上的数据传输。

### 3. 光纤

光导纤维简称光纤，由能传导光波的石英玻璃等材料制造而成，如图2-8所示。光纤通信是利用光纤传递光脉冲来进行数据通信的（传输过程用到了光的全反射原理）。通常用光脉冲的“有”和“无”来表示传输数据中二进制

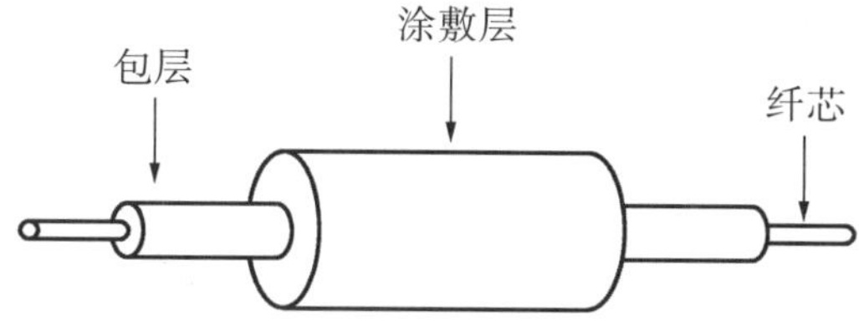


图2-8　光纤的结构

的“1”和“0”。按光传播模式，光纤可分为单模光纤和多模光纤两类。

光纤是一种性能优良的有线传输介质，具有很多优点。首先，光纤有很高的数据传输速率、极宽的频带、低误码率和低延迟；其次，光传输不受电磁干扰的影响，安全性和保密性好；此外，光纤还具有重量轻、体积小、容易铺设等优点，因此光纤多被用于长距离、大容量的主干网络中。

有线传输介质中双绞线和光纤各有什么特点，分别适合什么场合？

## 2.3.2 非导向性传输介质

非导向性传输介质是指信号在其中传输时，没有固定方向的传输介质，如电磁波在空气中的传播就属于非导向性传播。无线通信利用的就是这种传输方式。

**1. 无线电波**

无线电波一般是指频率在3kHz~1GHz之间的电磁波，是在自由空间(包括空气和真空)全向传输、覆盖范围较广的电磁波。无线电波常用于传输电视和无线电广播信号。

无线电波通信是利用地面的无线电波通过天空电离层的反射到达接收端的一种远距离通信方式。由于大气中的电离层容易受到天气的影响，因此无线电波传输信号稳定性较差。但由于无线电波传输距离远，容易穿透建筑物，且传输端和接收端不需要精确对准，因而被广泛用于室内和室外通信。

无线电波的传输特性与频率有关，低频段无线电波能很容易绕过建筑物，但其能量随着传播距离的增大而迅速衰减；高频段无线电波趋于直线传播，容易被建筑物阻隔。实际使用无线电波传输数据时，通常采用低速传输，速率为几十至几百比特每秒。

## 2. 微波

微波一般是指频率在1GHz~300GHz之间的电磁波，比无线电波频率高，通常也称为超高频电磁波。微波是一种定向传输的电磁波，收发双方的天线必须相对应才能收发信息。微波通信有地面微波通信和卫星微波通信，通过中继站接力，可以实现远距离传播信号。

微波通信技术不仅用于局域网的无线通信，其频率常为2.4GHz和5GHz；也可用于手机使用的无线蜂窝网络，以4G网络为例，其频段在1.8GHz~2.6GHz之间。

## 3. 红外线

红外线一般是指频率在$10^{12}$Hz~$10^{14}$Hz之间的电磁波，频率比可见光低，是不可见光线。电视机、空调等家电使用的遥控器常用红外线传输信号。

红外线通信不受电磁干扰，可靠性很高，但传输距离只能在视线范围内，因此是一种近距离、低功耗、保密性强的通信方式，主要应用于小型移动设备之间近距离、点对点、直线式的无线传输。

## 4. 激光

激光一般是指频率在$3.846\times10^{14}$Hz~$7.895\times10^{14}$Hz之间的电磁波，是定向传输的电磁波。激光通信利用激光束调制成光脉冲以传送数字信号，但它不能传送模拟信号。

激光通信需要配备一对激光收发器，且要安装在可视范围内。它具有高度的方向性，所以保密性好，但缺点是传输距离有限，并且会对周围环境造成影响。

# 网络连接设备

不同计算机网络可以通过网络连接设备连接起来，构成更大规模的网络，实现数据通信和资源共享。网络连接设备的种类很多，常用的网络连接设备包括中继器、集线器、网桥、交换机和路由器等。

## 2.4.1 中继器和集线器

中继器和集线器是工作在物理层的网络连接设备。

**1. 中继器**

中继器用于连接两个完全相同的网络，主要是通过对信号的重新发送或转发来延长信号的传输距离。

计算机中数据一般采用电信号进行调制并传输，如常用高、低电平或电平的跳变来表示二进制的“1”或“0”。一般电信号在通信介质上传输，距离越远损耗越大，如信号在普通双绞线上传输，能直接传输的最大距离一般不超过100米，距离越远信号衰减越明显，接收方在收到信号后可能无法识别原始信号的内容。中继器是为解决这一问题而设计的，它对物理线路中衰减的信号进行放大和整形，使信号的波形和强度达到所要求的指标，然后再转发出去，因此能延长信号在网络中的传输距离。

**2. 集线器**

集线器是星形网络中普遍使用的可靠性较高的网络连接设备，采用IEEE802.3（以太网）标准的局域网大多使用双绞线和集线器来构建。

集线器有多个端口，每个端口通过双绞线或光缆等传输介质与网络中计算机的网卡相连,形成一个星形拓扑结构的网络。每个端口都具有发送和接收数据的功能,当集线器接收到某个端口发来的数据时,即向所有其他端口转发。如果两个端口同时有数据输入,就会发生冲突,所有端口都不能收到正确的数据。

采用集线器连接的以太网网络,虽然从物理连接上看是一个星形结构,但集线器从某个端口收到信号后向所有端口转发,类似于在总线上广播,因此在逻辑上这类网络仍是一个总线型网络,网络中各计算机节点使用以太网协议共享或竞争逻辑总线,如图2-9所示。

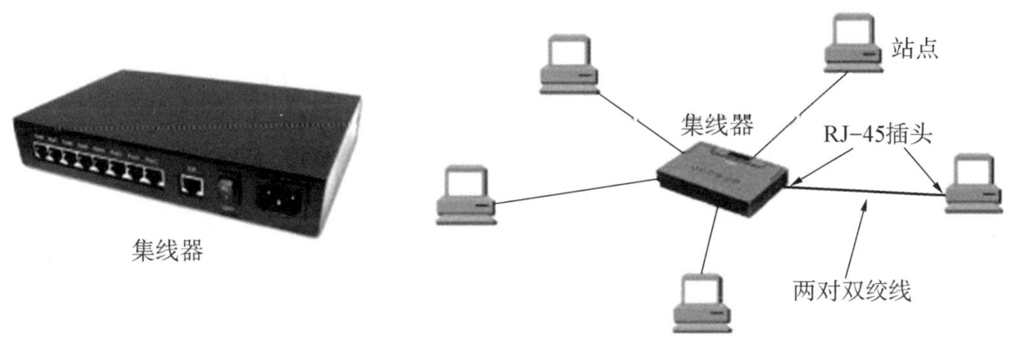


图2-9　集线器及使用集线器组网示意图

多个集线器可以叠在一起,形成堆叠式集线器组。现代集线器一般都有少量的容错和网络管理能力,面板上的指示灯可显示和定位网络上的故障,给网络管理带来很大的方便。集线器是局域网较常用的网络连接设备之一。

## 2.4.2 网桥和交换机

网桥和交换机是工作在数据链路层的网络连接设备。

### 1. 网桥

网桥也叫桥接器,是早期连接局域网几个网段的一种存储转发设备,通常有两个或多个端口,每个端口与一个网段相连。网桥的主要功能是收到数据链路层的帧后按目的地址进行转发。可以说,网桥具有过滤帧的功能。当收到一个帧时，网桥不像集线器那样向所有端口转发，而是先检查帧中包含的目的地址，再决定将帧从哪个端口转发出去。

网桥是通过内部的端口管理软件和网桥协议实体来完成上述操作的。它工作在数据链路层，可以使局域网的各网段既相互连接，又隔离冲突（两个网段上的计算机同时发送数据不会造成冲突），从而减轻了扩展的局域网的负载，这相当于过滤了每个网段的通信量。当一个网段出现故障时，由于网桥的过滤作用，其他网段不会受到影响。但网桥会对接收到的帧进行存储转发，因而增加了帧的传输时延。

**2. 交换机**

交换机的类型很多，如传统电话网也使用交换机，这里主要是指以太网交换机，它可看成是网桥的升级换代产品，如图2-10所示。

交换机也是工作在数据链路层的网络连接设备，其特点是可以为接入交换机的任意两个网络节点提供独享的电信号通路，这也是它与集线器的显著区别。即集线器将收到的数据向所有的端口进行转发，而交换机会查看数据帧的目的地址，仅将数据帧向目的地址所在的网段进行转发。

交换机的所有端口逻辑上都独占带宽，即享有与交换机相同的理论带宽，数据传输效率高，不浪费网络资源。因为交换机只向数据帧目的地址节

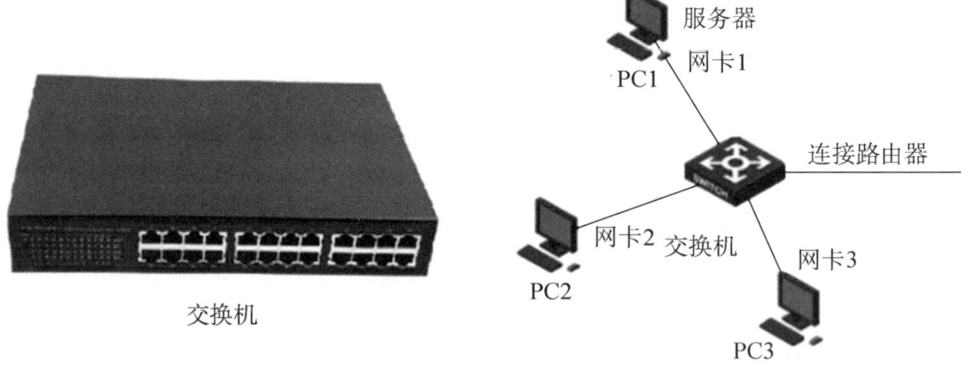


图2-10　交换机及其应用

点转发数据帧，一般来说不易产生网络拥塞；另外，交换机为每台联网的计算机都提供了独立的信道，发送数据时目的地址以外的其他计算机很难侦听到所发送的消息，这也提高了数据传输的安全性。

交换机具有性价比高、灵活度高等特点，因而广受业界欢迎。

### 2.4.3 路由器

路由器是工作在网络层的网络连接设备。

路由器是一种连接多个网络的网络连接设备，如图2-11所示，它工作在网络层，这一层传输的数据单元是分组。路由器的主要功能是为分组寻找一条最佳传输路径，并将该分组无差错地传送到目的节点。它会读取每一个收到的分组中的目的地址，然后查寻保存在路由器内部的路由表，根据路由表决定选择哪条路径将分组传送出去。路由表的内容由所使用的路由协议决定。

路由器能够理解不同的协议，可以识别不同类型网络传来的分组的目的地址，再根据相应的路由算法把分组按最佳路径传送给目的计算机。

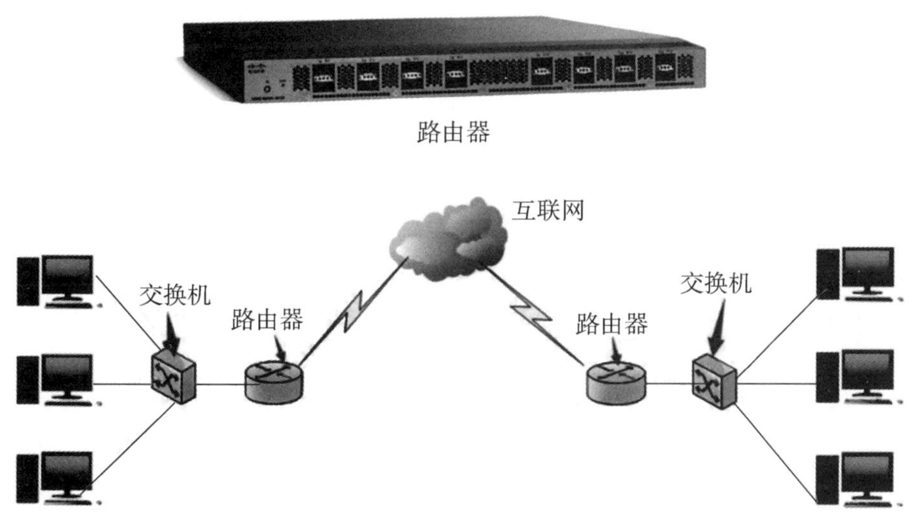


图2-11　路由器及其应用

与网桥和交换机相比，路由器的功能更加强大。它可以连接不同类型的网络、解析分组中的控制信息（含源地址和目的地址）、为分组选择最优路径等。有些路由器还具备一定的管理功能，能够监视数据传输，并向管理信息库报告统计数据；能够诊断内部或其他连接问题并触发报警信号。现代路由器还提供了对诸如VPN、防火墙、虚拟服务器、动态DNS等功能的支持。但路由器的数据处理速度比交换机要慢，为满足一些高速网络中的联网需求，部分高端的交换机融合了路由器的功能，成为可以工作在网络层的高速连接设备。

# 单元小结

## 思维导图

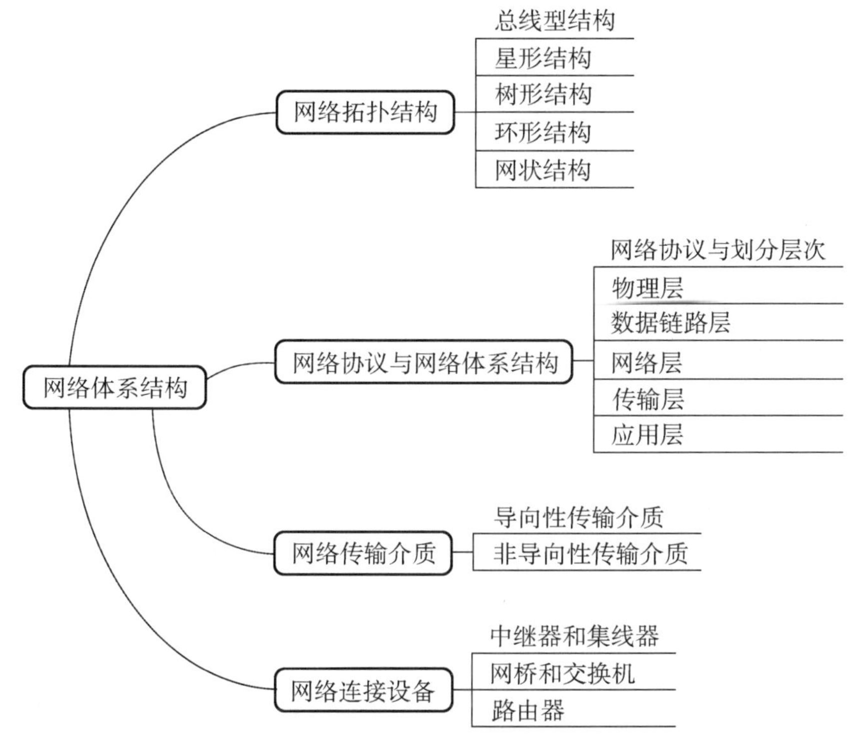


## 综合练习

### 一、单选题

1. 在星形结构的局域网中，连接文件服务器与工作站的设备不可能是________。

A. 调制解调器　　　　B. 交换机

C. 路由器　　　　D. 集线器

2. 当网络中任何一个工作站发生故障时，都有可能导致整个网络停止工作，这种网络的拓扑结构为________结构。

A. 星形　　B. 树形

C. 总线型　　D. 环形

3. 广域网采用的网络拓扑结构通常是______结构。

A. 总线型　　B. 环形

C. 星形　　D. 网状

4. _______的主要任务是在两个相邻的计算机节点间无差错地传输以帧为单位的数据。

A. 物理层　　B. 数据链路层

C. 网络层　　D. 传输层

5. 局域网对应的网络层次是_______。

A. 物理层和数据链路层　　B. 数据链路层和网络层

C. 网络层　　D. 传输层

6. 互联网体系结构以________协议集为核心。

A. FTP　　B. TCP/IP

C. HTTP　　D. ICMP

7. 非导向性传输介质一般不包括_______。

A. 无线电波　　B. 微波

C. 激光　　D. X射线

8. ______是一种小范围(一般10米以内)的无线连接技术,能在包括移动电话、掌上电脑、无线耳机、笔记本电脑等众多设备之间实现方便快捷、灵活安全、低成本、低功耗的数据通信。

A. 无线电波　　B. 微波

C. 蓝牙　　D. 激光

9. 在星形局域网中普遍使用的网络连接设备一般不包括_______。

A. 集线器　　B. 交换机

C. 路由器　　D. 调制解调器

10. 路由器是网络互联的核心设备之一,其工作在_______,一方面连通不同的网络,另一方面选择分组传送的线路。

A. 物理层　　B. 数据链路层

C. 网络层　　D. 传输层

## 二、填空题

1. 计算机网络按网络拓扑结构分类，可划分为总线型网络、__________、环形网络、树形网络、网状网络等。

2. 数据链路层的主要任务是在两个相邻的计算机节点间无差错地传输以__________为单位的数据。

3. 网络根据其所覆盖的地理范围，可分为__________、城域网和广域网。

4. 局域网的数据链路层分为两个子层：逻辑链路控制（LLC）子层和媒体访问控制（__________）子层。

5. 以太网中消息的发送采用__________协议。该协议主要解决多个计算机站点争用共享传输信道（总线）的问题。

6. __________是一种常见的连接多个网络的网络连接设备，它工作在网络层并为经过的分组寻找一条最佳传输路径。

## 三、简答题

1. 局域网常使用哪种网络拓扑结构？其特点是什么？

2. TCP/IP参考模型划分为几层？TCP协议和IP协议分别位于哪一层？

3. TCP协议和IP协议的工作机制有何区别？

4. 交换机的主要功能是什么？它工作在网络体系结构的哪一层？

5. 路由器的主要功能是什么？它工作在网络体系结构的哪一层？

## 四、综合实践题

假设某小型企业有10台可以联网的设备，包括台式计算机、笔记本电脑、服务器和打印机等，企业想自行组建局域网并接入互联网，请针对不同的需求，解答下列问题。

1. 如果采用以太网标准构建局域网，并购买了双绞线和集线器作为传输介质和网络连接设备，则网络的物理结构是什么？从逻辑上看，该局域网的拓扑结构属于什么类型？

2. 如果局域网还需接入互联网，则除集线器或交换机外，还需要什么网络连接设备？该设备工作于网络体系结构的哪一层，起什么作用？

3. 请画出该企业网络结构的简图。

## 参考答案

**一、单选题**

1. A　2. D　3. D　4. B　5. A　6. B　7. D　8. C　9. D　10. C

**二、填空题**

1. 星形网络　2. 帧　3. 局域网　4. MAC　5. CSMA　6. 路由器

**三、简答题**

略

**四、综合实践题**

1. 网络的物理结构类似星形结构，而逻辑拓扑结构为总线型结构。

2. 还需要路由器。该设备工作于网络层，主要功能是为经过路由器的分组寻找一条最佳传输路径，并将该分组无差错地传送到目的节点。

3. 如图2-12所示。

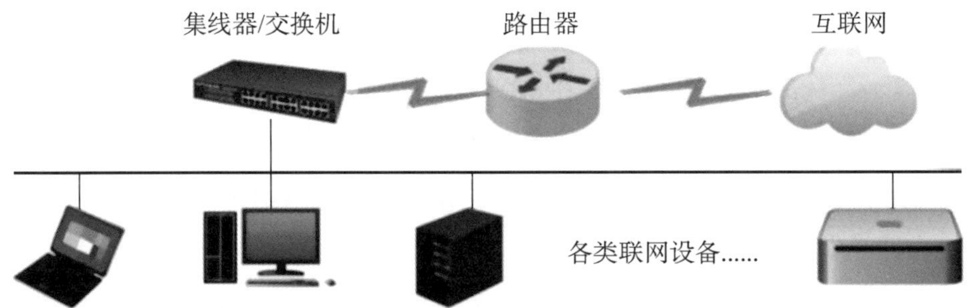


图2-12　小型企业组网简图

# 第3单元

# 互联网接入、故障排查与网络服务

如果把互联网比喻成畅通的高速公路，DNS则是准确、快速地引导我们抵达目的地的导航系统。DNS是互联网中的一项核心服务，是用于实现域名和IP地址相互映射的一个分布式数据库，它将简单明了的域名翻译成可由计算机识别的IP地址，使用户便捷地访问互联网。

当我们在浏览器中输入一个网站的URL时，浏览器会向本地DNS服务器发出请求。如果本地DNS服务器中没有相应的DNS记录，它就会向根服务器发送查询请求，以确定该域名的IP地址。

中国互联网络信息中心（CNNIC），坐落于中国科学院软件园区。这里也是中国互联网的诞生地。CNNIC是我国域名注册管理机构和域名根服务器运行机构，负责国家顶级域名“.CN”“.中国”和中文通用顶级域名“.公司”“.网络”的管理工作。

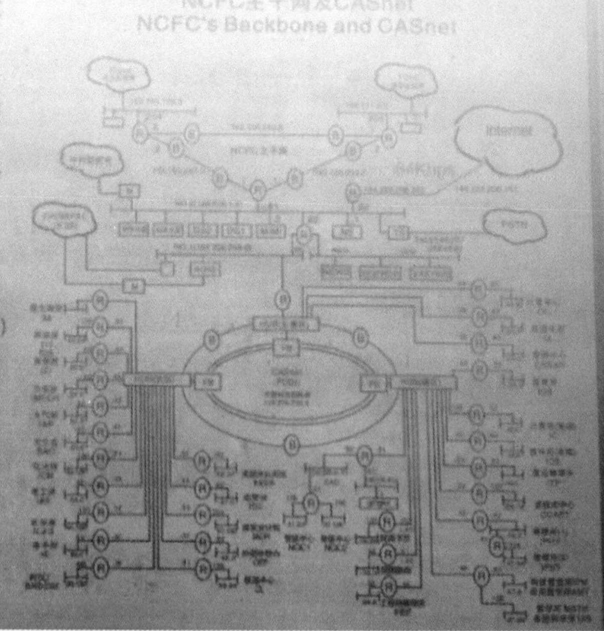

现今，互联网已渗透到人们生活的方方面面，网络服务与应用正改变着人们交流、获取信息的方式。让计算机快速、无故障地接入互联网，并学会高效利用互联网提供的服务，已成为人们在数字社会中必不可少的技能之一。

在本单元中，我们将学习互联网接入方式、IP地址设置方法、简单网络故障排查技巧及网络服务等内容。

## 学习目标

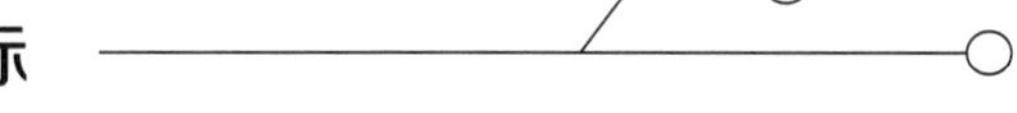

1. 了解常用的互联网接入方式。
2. 掌握IP地址的概念和设置方法。
3. 掌握常用网络命令及简单网络故障排除的方法。
4. 了解常见的网络服务。

# 3.1 互联网接入方式

随着互联网在全球范围的迅速发展，与互联网相关的应用已遍及人类活动的各个方面，接入互联网成为计算机及其他智能设备的必选功能之一。

## 3.1.1 拨号上网

拨号上网是早期的一种互联网接入方式。用户只要拥有一台个人电脑、一台外置或内置的调制解调器和一根电话线，再向本地互联网服务提供商（ISP）申请个人账号，或购买上网卡，拥有专属用户名和密码后，再通过拨打ISP的接入号码就可以接入互联网。

如图3-1所示，当时从用户家庭到ISP之间只有电话线相连（电信运营商常称这段距离为“最后一公里”），但传统电话线上只能传输语音之类的模拟

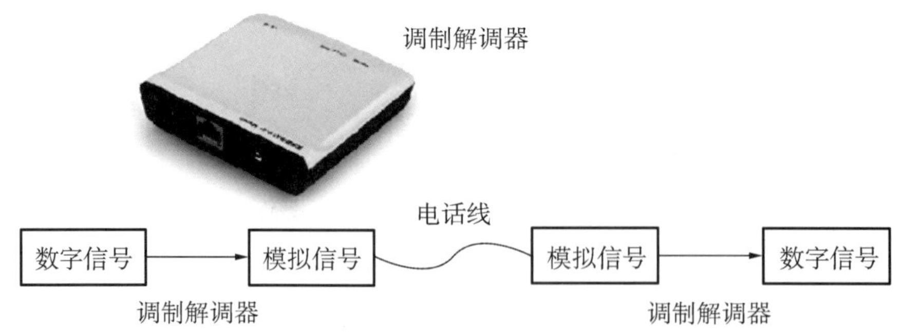


图3-1　调制解调器及其工作机制

信号。要在电话线上传输计算机产生的数字信号，就需要调制解调器在拨号上网过程中扮演“翻译”的角色，它能将计算机产生的数字信号转换成模拟信号通过电话线传输，而接收方的调制解调器能将模拟信号还原为数字信号供接收方计算机使用。

拨号上网的网速只有几十Kbps到几Mbps，现在看来是非常慢的。

拨号上网为什么要使用调制解调器？

## 3.1.2 有线宽带上网

这里所说的宽带，是指带宽较高的网络。带宽（又称频带宽度）是指传输介质在单位时间内可传输的数据量，一般以bps（bits per second，比特每秒）为单位，即每秒可传输多少个二进制位。带宽越宽，意味着在这个传输介质上传输数据越快。

早期采用拨号上网时，从家庭计算机到ISP的“最后一公里”靠普通电话线相连。随着技术的发展，光纤入户越来越普遍，光纤具有极高的带宽。如果用户家庭到ISP之间装上了光纤，那么就能实现宽带上网。此外，在光纤上可以直接传输数字信号，因此通过光纤上网不再需要调制解调器进行“翻译”。基于光纤的宽带上网网速可达几百Mbps到几千Mbps。

家庭使用光纤宽带上网，通常需要有一个光纤接入的用户端设备——光调制解调器，称为“光猫”（因为调制解调器常被称为“猫”，而这个设备在外观上与调制解调器相似）。光猫一端连接ISP的光纤，一端留有多个RJ45规格（可连接以太网）的网络插口，用以连接上网的计算机，如图3-2所示。

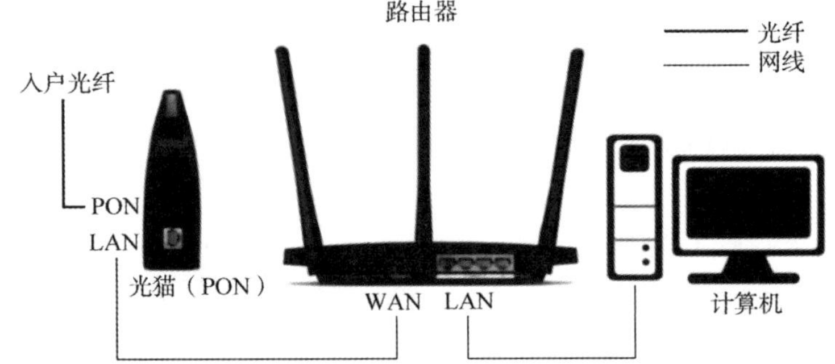


图3-2　光猫及光猫与无线路由器的连接

> 如果你的计算机接入的是单位或学校的局域网，则通常只需将连接计算机的网线插入附近集线器的RJ45网口即可。软件的设置将在后面章节介绍。

## 5.1.3 无线上网

随着笔记本电脑、手机、平板电脑等便携式电子设备的日益普及和发展，有线连接已不能满足人们工作和生活的需要，而无线网络以更方便、更灵活的连接方式获得用户的青睐，得到广泛应用。

说到无线上网，会有一些让人混淆的名词，如WLAN、IEEE802.11、Wi-Fi、蜂窝网络等。下面逐一加以介绍。

### 1. WLAN

无线局域网（wireless local area network，WLAN）是指以无线信道作为传输介质的计算机局域网络。WLAN是在有线网络的基础上发展起来的。

组建无线局域网一般需要无线路由器和无线网卡等设备。

（1）无线网卡

网卡是一块实现计算机网络底层协议的硬件设备，如图3-3所示。通过网卡用户可以有线或无线的方式接入网络。每一块网卡都有一个被称为MAC地址的独一无二的48位串行号，它被写在网卡的一块ROM中。每块网卡的地址均不相同，使得插入网卡的每一台计算机都拥有一个独一无二的MAC地址。无线网卡的功能类似于有线网卡，不同的是其不采用有线连接方式，而是使用无线信号接入无线局域网。

有线网卡　　USB接口无线网卡　　无线网卡

图3-3　各类网卡

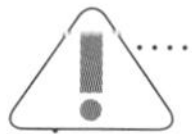

早期网卡以单独硬件的形式存在，目前，大多数计算机将网卡集成在主板上，大量的智能终端设备如手机等也将网卡的功能集成在主机电路板上。还有一些无线网卡配有外接的USB接口，可插入未配置无线网卡的台式计算机等设备，供其无线上网使用。

（2）无线路由器

无线路由器是带有无线信号覆盖功能的路由器，主要用于无线上网，可将宽带网络信号转发给周围的无线上网设备使用，如笔记本电脑、手机、平板电脑等。

无线路由器首先是一个无线接入点，俗称“热点”（access point，AP），它能够将有线网络信号转换为无线网络信号，并覆盖周边区域，让附近的无线上网设备接入以无线AP为中心的无线局域网，如图3-4所示。同时，无线路由器还具备宽带路由器的部分功能，具有网络地址转换功能，支持无线局域网的用户接入对应ISP所在的互联网。因此，无线路由器可看成是无线AP和宽带路由器合二为一的扩展型产品，但它的路由功能相对于有线网络中的宽带

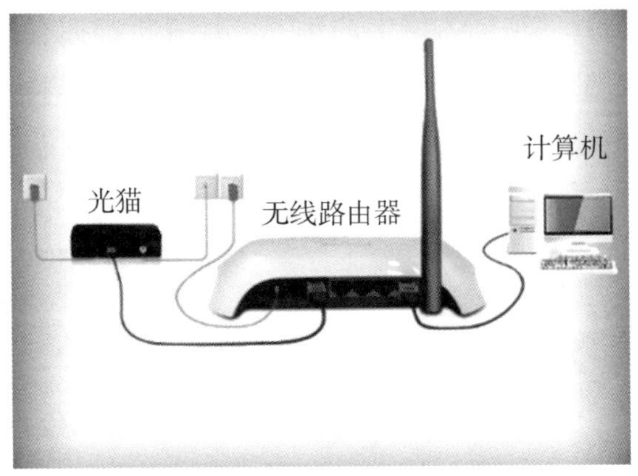


图3-4　无线路由器及连接

路由器会弱很多。家用无线路由器通常只连接单个ISP，没有太多的路由选择需求。

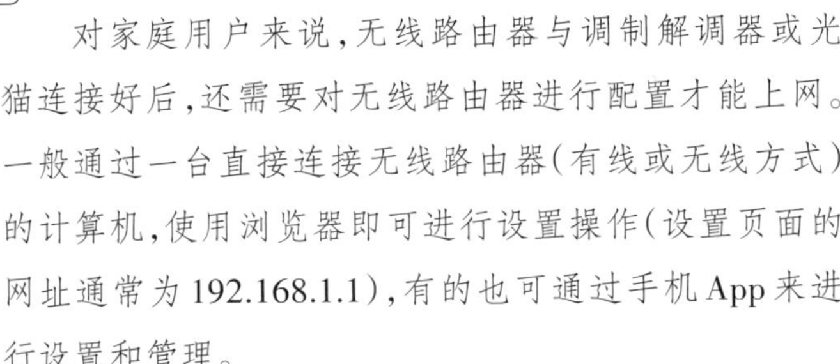

对家庭用户来说，无线路由器与调制解调器或光猫连接好后，还需要对无线路由器进行配置才能上网。一般通过一台直接连接无线路由器（有线或无线方式）的计算机，使用浏览器即可进行设置操作（设置页面的网址通常为192.168.1.1），有的也可通过手机App来进行设置和管理。

如果是接入学校、单位或公共场所的无线网络，只要在上网设备中选定要登录无线网络的标志（service set identifier，SSID），再输入密码完成认证后即可成功登录。公共场所的无线网络，通常会以手机验证码验证的方式完成登录认证。登录成功后就可以使用无线网络了。

**2. IEEE802.11**

IEEE802.11标准是美国电气与电子工程师协会（IEEE）制定的关于无线局域网络的一系列标准，该标准定义了物理层和数据链路层中MAC子层的通信规范，允许计算机等网络设备按此标准来接入或组建无线局域网。该标准类似于IEEE802.3，只是IEEE802.3针对有线网络，而IEEE802.11针对无线网络。802.11标准自1997年初次制定以来，随着技术的进步，已发展为一系列的WLAN标准，比较著名的有802.11a、802.11b和802.11ac等，各自工作在2.4GHz或5GHz开放频段。

IEEE802.11标准的颁布，使得无线局域网在各种有移动需求的环境中被广泛接受。它是目前最常用的无线局域网传输协议之一。早期的IEEE802.11标准的数据传输速率最高只能达到2Mbps，不能满足人们的需要。随着技术的进步，IEEE又相继推出了多个新的标准，比较有代表性的有：

IEEE802.11a，1999年推出，最高数据传输速率可达54Mbps，工作在5GHz频段。

IEEE802.11b，1999年推出，最高数据传输速率可达11Mbps，工作在2.4GHz频段。

IEEE802.11g，2003年推出，最高数据传输速率可达54Mbps和108Mbps，工作在2.4GHz频段。

IEEE802.11n，2009年9月推出，理论最高数据传输速率可达600Mbps，工作在2.4GHz频段或5GHz频段。

IEEE 802.11ac是802.11n之后的版本，2012年推出初版，2016年推出更新版。理论最高数据传输速率可达1Gbps，工作在5GHz频段。

### 3. Wi-Fi

Wi-Fi实际上是Wi-Fi联盟制造商的品牌认证，目的是改善基于IEEE802.11标准的无线网络产品之间的互通性，更好地实现无线联网。一般符合IEEE802.11标准的产品和技术被认为是Wi-Fi产品和技术。最简单的Wi-Fi上网是设立一个无线路由器，在这个无线路由器的信号覆盖有效范围内都可以采用Wi-Fi连接入网。

两台无线设备，一台使用IEEE802.11b标准，另一台使用IEEE802.11ac标准，哪一台的数据传输速率会高一些？

### 4. 蜂窝网络

蜂窝网络又称移动网络，主要是为手机等移动通信设备提供通信服务的网络。其由于构成网络的各通信基站的信号覆盖范围呈六边形，从而使整个网络形似蜂窝而得名。蜂窝网络的技术也经历了从模拟信号到数字信号，从1G到5G的发展历程。这里的“G”是“Generation”，是“代”的意思。蜂窝网络经过多年的建设，已经成为移动通信的基础，覆盖范围广泛，通信安全可靠。早期的蜂窝网络速度较慢，应用局限于手机的通话和短信。随着4G、5G等移动通信技术的出现与成熟，蜂窝网络的数据传输速率可达到宽带的标准，大量的智能终端可接入蜂窝网络，它也将成为物联网的主要承载网络之一。

无线上网需要哪些设备，分别起什么作用？

# IP地址及其设置方法

接入互联网的计算机，若要与网上其他计算机进行通信，必须知道对方的地址，就像我们寄邮件给朋友时必须知道对方的邮寄地址一样。互联网上的“地址”叫IP地址。

## 3.2.1 IP地址的概念

在互联网上，计算机进行通信，首先要知道通信双方的IP地址。每个联网的计算机都会被分配一个唯一的IP地址，用来标识自己，并与互联网上的其他计算机相区别。IP地址是由IP协议规定的。目前主要有两个版本的IP地址：IPv4（第4版互联网协议）地址和IPv6（第6版互联网协议）地址。

**1. IPv4地址**

当前在使用的大部分IP地址是IPv4地址，它使用32位二进制（4个字节）来表示一个地址。为了便于阅读和记忆，地址采用“点分十进制”形式表示，即书写时将地址中的每个字节写成十进制形式，字节与字节之间用下圆点分隔。如202.120.80.1就是一个合法的IPv4地址。

IPv4地址的结构可分为两部分：一部分对应网络地址，表示主机所在的网络号；另一部分对应主机地址，对应给定网络号下的主机号。IP地址一般分为五类，其中A、B、C三类地址，可根据网络地址和主机地址的不同来区分，如图3-5所示。此外，还有用于多播的D类地址，其最高位必须是“1110”，保留的E类地址则以“11110”开头。

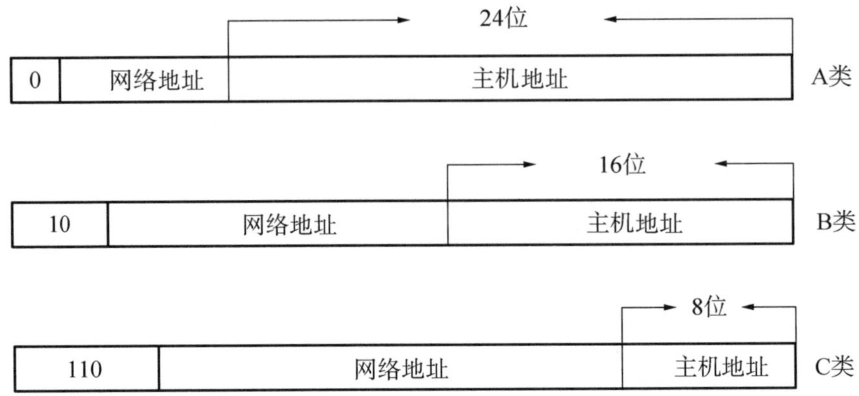


图3-5　A、B、C类IPv4地址的结构

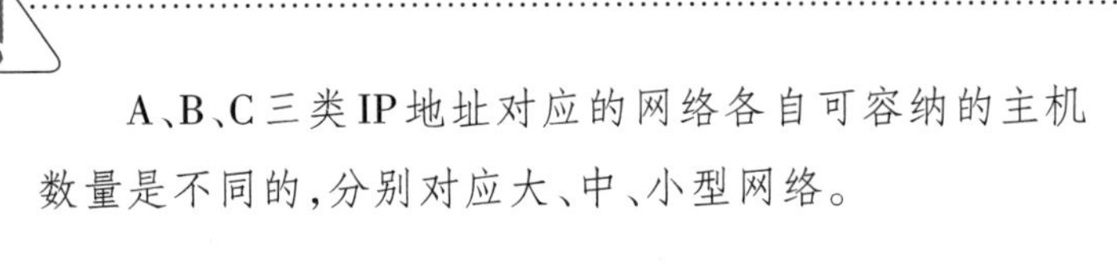

A、B、C三类IP地址对应的网络各自可容纳的主机数量是不同的，分别对应大、中、小型网络。

## 2. IPv6地址

IPv6是用于替代IPv4的新一代IP协议。IPv6地址的使用，不仅解决了网络地址数量不足的问题，也解决了多种设备连入互联网的难题。

与IPv4地址不同，IPv6地址使用128位二进制（16个字节）来表示一个地址，这样IPv6地址空间就被大大扩展了，其地址数量号称可以为全世界的每一粒沙子分配一个地址，也为将来越来越多的智能终端预留了地址。因为在未来，不仅计算机、手机、平板电脑这样的数字终端，冰箱、电视机、洗衣机、空调、微波炉等智能家电也会有连接互联网的需求，也需要分配IP地址。

IPv6地址采用“冒号分十六进制”格式，分为8组，每组16位，每组写成4个十六进制数，之间用冒号分隔，如FE80:0000:0000:0000:02AA:00FF:FE9A:4CA2。可将冒号十六进制格式中相邻的连续零位进行压缩，简写成：FE80::2AA:FF:FE9A:4CA2。

IPv6地址不仅能提供足够的地址空间，同时也对IPv4作了多项改进，简化了基于IP网络的实施、运营和管理，提高了路由的效率和可扩展性，能更有效地提升移动性并具有更好的安全机制。另外，IPv6也设计了许多过渡机制，使IPv4网络可以平稳地向IPv6网络过渡。

IPv4与IPv6地址表示方式有哪些区别？

## 3.2.2 IP地址的设置方法

不同的设备、操作系统，IP地址的设置方法有所不同。以下以Windows10操作系统为例，介绍IP地址的设置方法。

在开始菜单中选择“设置”，打开“Windows设置窗口”，从中选择“网络和Internet”并打开对应的设置窗口，在该窗口可查看当前的网络状态，并对计算机的有线或无线网络进行设置。

或在任务栏中选择表示有线网络或无线网络的图标，右击该图标，在弹出的快捷菜单中选择“网络和Internet设置”，也能打开设置窗口。

### 1. 有线网络的IP地址设置

① 在“网络和Internet”设置窗口左侧选择“以太网”选项，弹出“以太网”设置窗口。

② 点击设置窗口右侧上方的以太网图标，弹出 “以太网属性”窗口。

“以太网属性”窗口中显示了当前IP地址分配的方式，如要修改，可点击“编辑”按钮。在弹出的下拉框中有两种IP地址的分配方式：“自动(DHCP)”和“手动”方式。选择自动方式，计算机会自动从网络当前的DHCP服务器中申请一个IP地址，DHCP服务器通常存放有当前可分配IP地址的资源池，当有计算机申请IP地址时，就从资源池任意取一个地址分配给申请者。自动方式很方便，是Windows10系统默认的方式，但每次获取的IP地址是不固定的。如果想让计算机有一个固定的IP地址(一些对外提供服务的服务器往往需要固定的IP地址)，则可选择“手动”方式，开启需要设置的IPv4或IPv6开关项，再在弹出的设置框中分别输入静态IP地址、子网前缀长度(子网掩码)、网关、首选或备用DNS地址等,最后点击“保存”按钮,即可完成设置。

**2. 无线网络的IP地址设置**

① 在“网络和Internet”设置窗口左侧选择“WLAN”项目,弹出“WLAN”设置窗口。

② 可通过打开或关闭设置窗口右侧上方的“WLAN”开关项来启用或禁止无线网络,点击“显示可用网络”超链接会显示当前所有可用无线网络的标志,从中选择你想连接的无线网络。如果是第一次连接该无线网络,一般需要输入该网络对应的安全密钥。

无线网络的IP地址一般采用DHCP自动分配方式,不建议手动分配。如需手动分配,则与有线网络的手动分配类似,不过,要保证输入的IP地址与所连接的无线路由器是在一个网段中。

如想查看所连接无线网络的属性,则可选择并打开“硬件属性”选项,弹出的窗口会显示当前无线网络的一些属性,包括SSID、协议、安全类型、网络频带、连接速度及当前计算机所分配的IPv4、IPv6地址等。

# 常用网络命令及简单网络故障排除

使用互联网时，经常要进行简单的网络维护或故障排除操作。本节将介绍常用网络命令及简单网络故障排除方法。

## 3.3.1 常用网络命令

在日常的网络维护中，经常需要查看网络配置、设置网络参数、诊断与排除网络故障等，这个过程需要用到各种网络命令。不同操作系统中的网络命令有所差异，以Windows10操作系统为例，常用的网络命令有：ipconfig、ping、tracert等。

### 1. ipconfig

用该命令可查看本机网络配置参数，如IP地址、网关、DNS等，如图3-6所示。

```
命令提示符
Microsoft Windows [版本 10.0.19041.1110]
(c) Microsoft Corporation。保留所有权利。

C:\Users\zk>ipconfig

Windows IP 配置


以太网适配器 以太网:

   连接特定的 DNS 后缀 . . . . . . . :
   IPv6 地址 . . . . . . . . . . . . : 2001:da8:8005:4020:2955:a2d2:16de:12d7
   临时 IPv6 地址. . . . . . . . . . : 2001:da8:8005:4020:f90c:fb89:2ae6:91e5
   本地链接 IPv6 地址. . . . . . . . : fe80::2955:a2d2:16de:12d7%18
   IPv4 地址 . . . . . . . . . . . . : 202.120.87.133
   子网掩码  . . . . . . . . . . . . : 255.255.255.0
   默认网关. . . . . . . . . . . . . : fe80::259:dcff:fe35:6ad6%18
                                       202.120.87.1
```

图3-6　ipconfig命令

在"命令提示符"窗口输入ipconfig命令并按回车键，窗口将显示本机所有网卡的TCP/IP配置参数值，如IPv6/IPv4地址、子网掩码、默认网关等。

## 2. ping

ping是最常用于测试网络是否连通的命令，它能大致判断网络的连接速度；如图3-7所示。ping命令的格式为：

ping　目标IP地址或域名

```
C:\Users\zk>ping 202.120.80.1

正在 Ping 202.120.80.1 具有 32 字节的数据:
来自 202.120.80.1 的回复: 字节=32 时间<1ms TTL=61
来自 202.120.80.1 的回复: 字节=32 时间<1ms TTL=61
来自 202.120.80.1 的回复: 字节=32 时间<1ms TTL=61
来自 202.120.80.1 的回复: 字节=32 时间<1ms TTL=61

202.120.80.1 的 Ping 统计信息:
    数据包: 已发送 = 4, 已接收 = 4, 丢失 = 0 (0% 丢失),
往返行程的估计时间(以毫秒为单位):
    最短 = 0ms, 最长 = 0ms, 平均 = 0ms

C:\Users\zk>ping 202.120.87.191

正在 Ping 202.120.87.191 具有 32 字节的数据:
来自 202.120.87.133 的回复: 无法访问目标主机。
来自 202.120.87.133 的回复: 无法访问目标主机。
来自 202.120.87.133 的回复: 无法访问目标主机。
来自 202.120.87.133 的回复: 无法访问目标主机。

202.120.87.191 的 Ping 统计信息:
    数据包: 已发送 = 4, 已接收 = 4, 丢失 = 0 (0% 丢失),
```

图3-7　ping命令

网络命令通常包含多个可选项，要了解各可选项的功能，例如，输入命令：ping /?　会给出ping命令中所有参数选项的帮助信息。其他命令也可用"/?"来显示帮助信息。

## 3. tracert

tracert是路由跟踪实用程序命令，用于显示IP数据包访问目标节点所经历的路径。可用该命令来判定从源节点到目的节点所经中间路由器节点的连通情况。tracert命令的格式为：

tracert　目标IP地址或域名

## 3.3.2 简单网络故障诊断与排除

在使用网络的过程中不可避免地会遇到网络故障。复杂的故障需要专业人员处理,简单的网络故障可使用所学的网络知识自行排除。

要快速准确地解决网络故障,首先需要根据故障现象判断是本机原因、内网原因还是外网原因,再进一步检测分析,确定故障位置,最终排除故障。

下面以解决一个实际的网络故障为例,介绍诊断与排除简单网络故障的方法。

假设某台计算机连接在某大学校园网内的某个局域网中,平时这台计算机能够正常上网,但某天突然发现该计算机无法打开常用的网站查看网页。

可采用以下步骤进行故障检测:

### 1. 初步界定故障的范围

找一台连在同一网段的计算机(该计算机与故障计算机连接同一个集线器或交换机),如果该计算机能正常上网,那么可以确定问题在故障计算机内部。

### 2. 检查本机网络是否存在故障

如初步判定故障在本机,则应首先检查本机网络连接是否正常。查看任务栏右侧的系统托盘区是否有异常的网络连接图标(如“!”),若有,则表示本机的网络连接有问题。

如果计算机使用有线连接,则先检查本机的网线插口是否脱落或松动;如正常,则检查网线的另一端插入集线器(或交换机)端口的指示灯是否正常闪烁,如不正常,可尝试插拔网线或者更换一根网线;如果计算机使用的是无线连接,则可以重启交换机或路由器,直到连接显示正常。

若问题仍未解决,则需检查本机的IP地址设置是否正常。打开“命令提示符”窗口,输入命令:

ping 127.0.0.1

如果显示正常连通,那么说明本机IP地址正常。这里的127.0.0.1,是一个特殊的IP地址,称为“回送地址”(loop back address),代表本地计算机的网络接口,可用来测试本地协议。

接着检查本地计算机的IP地址设置是否正确。打开“命令提示符”窗口,输入命令：

ipconfig /all

窗口会显示本机的IP地址、网关、DNS等参数的值。以本机的IP地址为目的主机地址再使用ping命令，如果测试结果为连通，则说明IP地址设置正确，否则，可以尝试重设IP地址，或重启电脑，由DHCP服务器自动分配IP地址（尤其是IP地址有冲突的情况下）。

**3. 检查本机与网关（路由器）间的连接是否正确**

ping网关的IP地址，如果能正常连通，那么基本可以断定是路由器或者外网出了故障。如果不通，那么故障在内网中，可尝试重新插拔网线、换插其他网口、更换网线或路由器等。

**4. 检查本机与DNS间的连接是否正确**

用ping命令测试本机设定的DNS地址（可用ipconfig命令查看），如果DNS主机能够ping通，那么可以断定网络已无问题。否则需向专业维修人员报修。

若发现计算机无法联网，你该如何确定故障原因并排除故障？

# 3.4

# 网络服务

网络服务一般是指在网络上运行的、面向基础服务的软件模块。网络服务通常运行在服务器上，依据某种网络协议向客户端提供相应的服务。互联网基于TCP/IP协议，其应用层协议可提供多种常见的网络服务。

## 3.4.1 Web服务

20世纪90年代初，万维网(World Wide Web，WWW)的发明，使互联网迅速得到普及。万维网使用超文本标记语言(HTML)来组织信息，并可在网络上共享这些信息。接入互联网的用户只需使用浏览器和鼠标便可浏览世界各地的网页，查看新闻、下载文件、购买商品，这使得互联网的使用门槛大大降低，促成了互联网的爆炸性发展。

全球所有网站和网页组成了互联网的内容服务。这些网页可分为静态网页与动态网页两类。其中，静态网页单纯用HTML及客户端脚本语言(如JavaScript)编写，向所有访问者呈现的页面内容是相同的。而动态网页是由程序动态生成的，可向不同的访问者呈现不同的内容。

Web服务的主要功能是提供网上信息浏览，其通常有3个要素：网页、访问协议和浏览器。

访问网页时，用户在浏览器的URL地址栏键入网页的地址，通常以访问协议如HTTP或HTTPS开头，后跟网页所在的主机名和文件路径名。浏览器使用访问协议与网页所在的Web服务器进行交互，将网页(HTML文档)下载到本地再由浏览器解析并呈现给用户。

### 3.4.2 FTP服务

FTP服务是基于文件传输协议(File Transfer Protocol,FTP)的文件传输服务,它可以让用户在两个联网的计算机之间传输文件。

在默认情况下,FTP协议使用TCP端口中的20和21两个端口,其中端口20用于传输数据,端口21用于传输控制信息,如图3-8所示。用户将一个文件从自己的计算机发送到FTP服务器称为“上传”,用户从服务器把文件资源接收到自己的计算机称为“下载”。

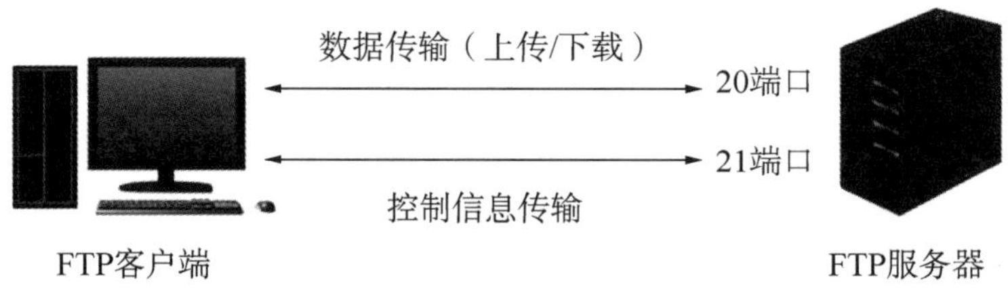


图3-8　FTP服务

### 3.4.3 DNS服务

虽然互联网上的节点都可以用IP地址唯一标识,且可以通过IP地址被访问,但即使是IPv4地址,写成4个0～255的十进制数形式,也不方便记忆,更不用说IPv6地址了。因此,人们发明了域名系统(Domain Name System,DNS),将一个IP地址关联到一组有意义的名字。

DNS定义了层次结构的名字空间,它可看作是一个树状结构(图3-9),每一个域名对应树的一个节点,最上层节点称为顶级域名,第二层节点称为二级域名,依此类推,最下层的节点往往对应的是某台主机的域名。

某一个网站的完整域名是由从该网站主机对应的底层域名到根节点对应的顶级域名之间的所有域名连接而成,中间以下圆点分隔。以新浪网的完整域名www.sina.com.cn为例,www是新浪网主页服务器对应的主机域名,sina为新浪网这个实体的域名,com为公司或商业机构对应的域名,cn为中国的

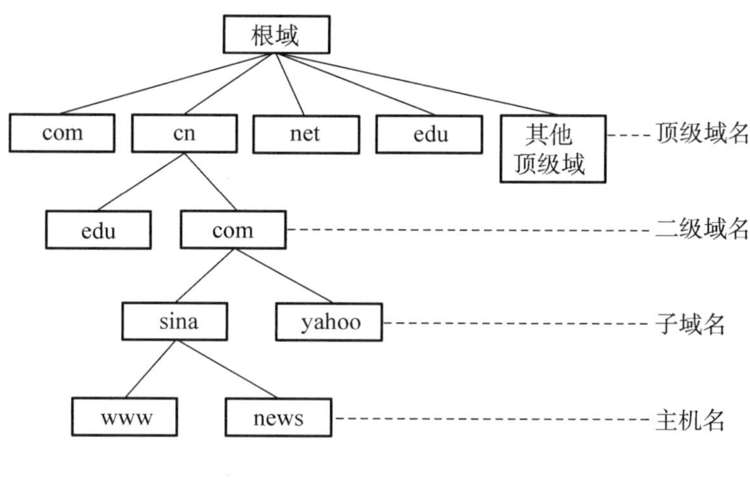


图3-9　DNS的树形结构

顶级域名，由此组成新浪网的完整域名。

DNS依靠域名服务器来实现IP地址与域名之间的翻译。首先，根据域名空间的层次结构，将其按子树划分为不同的区域，每个区域必须有对应的域名服务器，存储该区域的域名信息。当用户需要查寻某个域名对应的IP地址时，可直接向域名服务器发出查寻请求，域名服务器在收到用户发出的请求后查寻自身的资源记录集合，返回用户想要得到的最终答案，如图3-10所示。若自身的资源记录集合中查不到所需要的答案时，则返回指向另外一个域名服务器（通常是其上一级域名服务器）的指针，用户将向新指向的域名服务器发出查寻请求。

有了DNS，用户不需要死记硬背每个网站的IP地址，只要记住网站对应的域名即可，域名与IP地址的转换由DNS服务来完成。

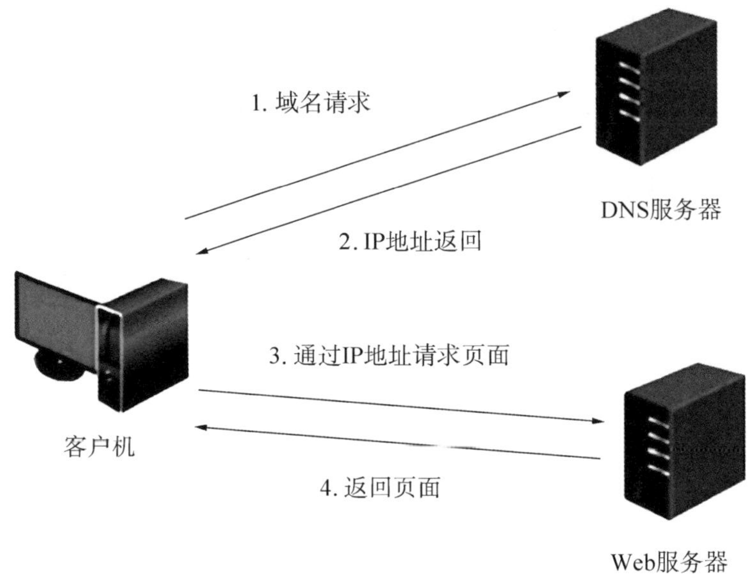


图3-10 DNS服务工作机制

### 3.4.4 DHCP服务

动态主机配置协议(dynamic host configuration protocol，DHCP)对应的DHCP服务，通常应用在局域网环境中，主要作用是提供集中管理，使网络中的主机动态获得IP地址、子网掩码和DNS服务器地址等信息。

DHCP协议采用客户端—服务器模型。网络中应有一台DHCP服务器，由其完成IP地址的动态分配任务。申请IP地址的计算机先要向DHCP服务器发送申请地址的请求，DHCP服务器接收到该请求后，才会向申请者发送相关的地址配置等信息，如图3-11所示。DHCP协议采用UDP作为传输协议。

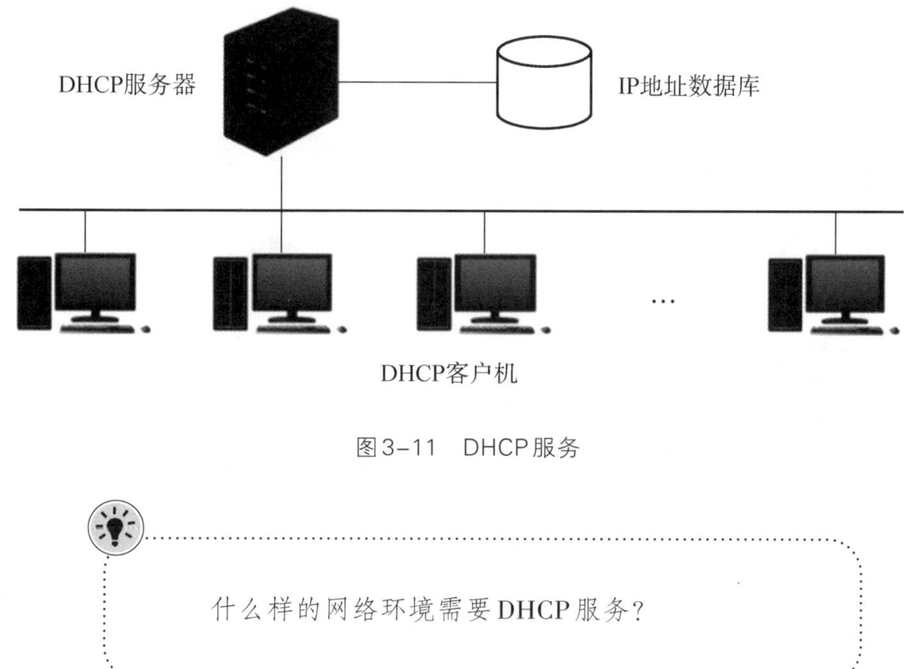


图3-11　DHCP服务

什么样的网络环境需要DHCP服务?

### 3.4.5 电子邮件服务

电子邮件(e-mail)服务,是指通过网络传送信件、单据、资料等电子信息的通信方法,是目前应用最广泛的互联网服务之一。

电子邮件服务是根据传统的邮政服务模型建立起来的。当人们发送电子邮件时,这份邮件由邮件发送服务器发出,邮件发送服务器根据收件人的地址判断对方的邮件接收服务器并将邮件发送到该服务器上,收件人通过邮件代理软件从接收服务器获取邮件,如图3-12所示。

电子邮件服务涉及几个重要的邮件协议。其中,邮件从邮件发送服务器传送到邮件接收服务器遵循简单邮件传输协议(simple mail transfer protocol,SMTP)协议。邮件代理从邮件接收服务器获取邮件有两种协议,邮局协议版本3(post office protocol-version 3,POPv3)支持邮件代理从邮件接收服务器中取走邮件,在邮件代理所在的本地计算机中处理;而互联网消息访问协议版本4(internet mail access protocol 4,IMAP4)则允许邮件仍留在邮件接收服务器中，邮件代理在线进行邮件处理。

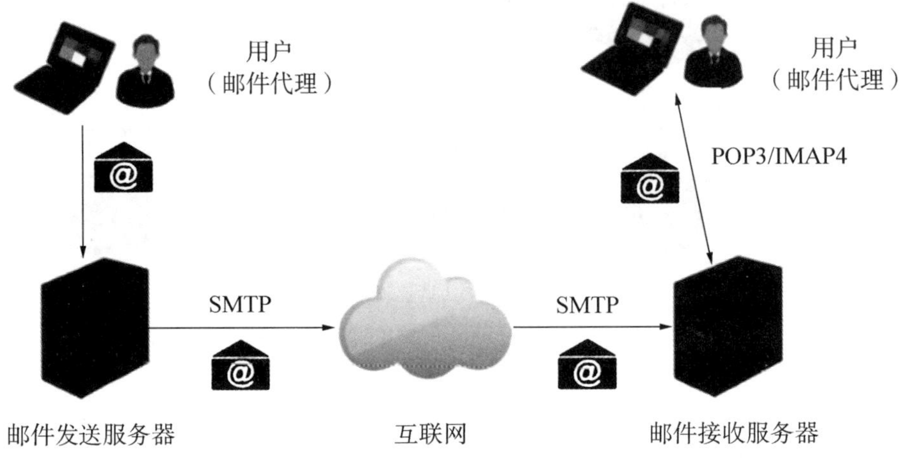


图3-12 电子邮件服务

# 单元小结

## 思维导图

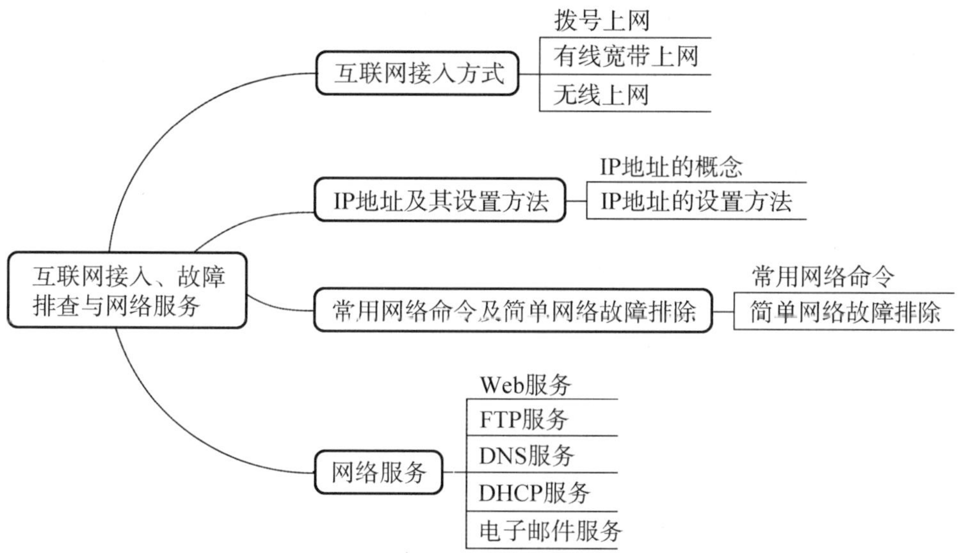


## 综合练习

### 一、单选题

1. 光调制解调器(光猫)的主要功能是______。

A. 通过拨号上网来接入ISP的宽带网络

B. 通过连接ISP的光纤直接接入ISP的宽带网络

C. 将有线宽带信号转换为Wi-Fi信号

D. 用于家庭内多个计算机联网,相当于一个家庭用的集线器

2. 计算机的网卡地址又被称为是______。

A. IP地址　　　　B. TCP地址

C. MAC地址　　　　D. 逻辑地址

3. 目前,手机等移动通信设备可接入的4G、5G网络是指______。

A. WLAN　　B. Wi-Fi

C. LAN　　D. 蜂窝网络

4. 单个IPv4与IPv6地址所对应的字节数分别是________。

A. 4,8　　B. 4,16

C. 8,8　　D. 8,16

5. 某主机的IP地址为92.102.6.206,说明该主机所在的网络属于________。

A. A类网络　　B. B类网络

C. C类网络　　D. D类网络

6. ________是无线局域网的接入点。

A. 无线网卡　　B. 无线访问点

C. 无线路由器　　D. 无线天线

7. 在Windows操作系统中,__________命令可用来检查网络是否连通,并分析和判定网络故障。

A. ipconfig　　B. ping

C. arp　　D. tracert

8. Web服务包含的3个要素中不包括__________。

A. 网页　　B. 访问协议

C. 电子邮件　　D. 浏览器

9. 互联网常用的路由算法不包括__________。

A. CSMA/CD　　B. RIP

C. OSPF　　D. BGP

10. __________服务默认使用20和21端口在两个联网的计算机之间传输文件。

A. HTTP　　B. FTP

C. TELNET　　D. SMTP

## 二、填空题

1. 常见的无线局域网采用的是基于__________标准的无线宽带技术即

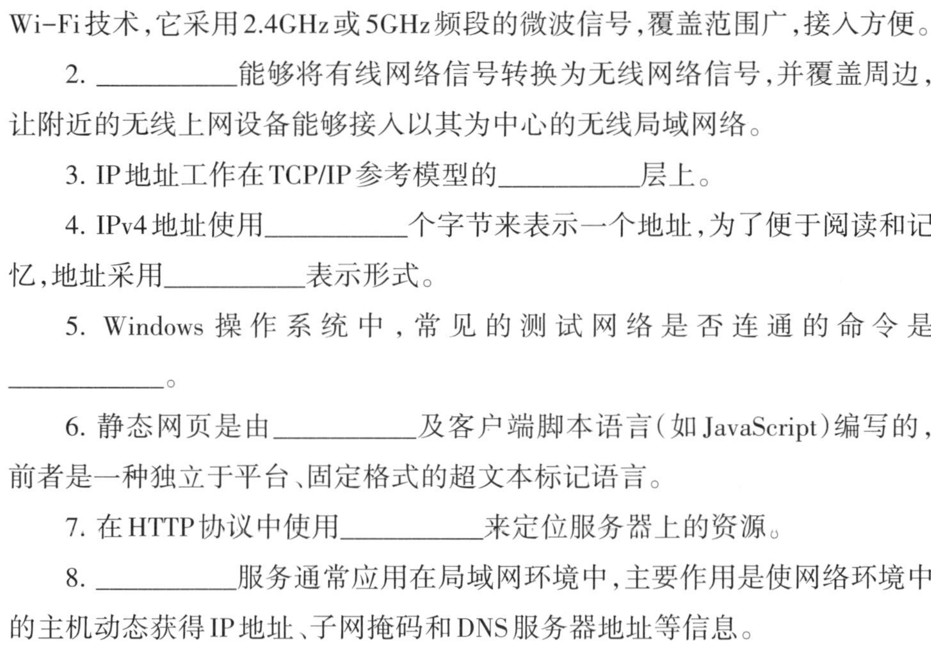

Wi-Fi技术，它采用2.4GHz或5GHz频段的微波信号，覆盖范围广，接入方便。

2. __________能够将有线网络信号转换为无线网络信号，并覆盖周边，让附近的无线上网设备能够接入以其为中心的无线局域网络。

3. IP地址工作在TCP/IP参考模型的__________层上。

4. IPv4地址使用__________个字节来表示一个地址，为了便于阅读和记忆，地址采用__________表示形式。

5. Windows操作系统中，常见的测试网络是否连通的命令是__________。

6. 静态网页是由__________及客户端脚本语言（如JavaScript）编写的，前者是一种独立于平台、固定格式的超文本标记语言。

7. 在HTTP协议中使用__________来定位服务器上的资源。

8. __________服务通常应用在局域网环境中，主要作用是使网络环境中的主机动态获得IP地址、子网掩码和DNS服务器地址等信息。

## 三、简答题

1. 什么是Wi-Fi？什么是IEEE802.11标准？两者有什么关系？

2. 在Windows10操作系统中如何查看或设置本机的IP地址？

3. 请简述网页访问的一般过程。

4. 电子邮件传输过程中涉及哪几种协议？这些协议应用的场景分别是什么？

5. 常用的网络服务有哪些？

## 四、综合实践题

某家庭用户使用电信运营商提供的上网服务，请针对不同的需求，分析和解答下列问题。

1. 假设该家庭用户已接入光纤宽带网络，并且用户家里有多台有线或无线上网设备需要联网，请问该用户需配置哪些网络设备？这些设备各有什么功能？

2. 假设一台直接连接无线路由器的计算机被分配的IP地址为192.168.1.1，该地址是哪类IP地址？该类网络中主机地址部分有几位？

3. 如果家庭使用的无线路由器还包含局域网功能，有多个RJ45端口用于家庭组网，假设组网的两台计算机的IP地址分别为192.168.1.1和192.168.1.3，使用什么命令可以测试第1台计算机与第2台计算机是否连通？

## 参考答案

### 一、单选题

1. B　2. C　3. D　4. B　5. A　6. B　7. B　8. C　9. A　10. B

### 二、填空题

1.IEEE802.11　2. 无线路由器 或无线AP　3. 网络层　4. 4，点分十进制

5. ping　6. HTML或超文本标记语言　7. URL或统一资源定位符

8. DHCP

### 三、简答题

（略）

### 四、综合实践题

1. 需要配置光猫和无线路由器。光猫是一个光纤接入的用户端设备，将无线路由器连至ISP的光纤；无线路由器是带有无线信号覆盖功能的路由器，可将宽带网络信号转发给周围的无线上网设备使用。

2. B类地址，主机号部分为16位二进制。

3. 在第1台计算机中执行命令：ping 192.168.1.3。

# 第4单元

# 数字安全

2022年6月，某大学发布了一则公开声明，称该校遭到了境外组织的网络攻击。经调查发现，此次攻击来自境外某国家安全局下属机构，其使用了多种不同的专属网络攻击武器，持续对该大学开展攻击窃密，窃取该校关键网络设备配置、网管数据、运维数据等核心技术数据。

随着数字化的不断深入，各种安全风险及挑战与日俱增。如常见的钓鱼攻击、勒索软件、DDoS攻击、恶意软件等。这些安全风险与威胁通常会导致数据泄露、机密信息被窃取、网络服务中断等问题，给人们日常生活、工作带来诸多麻烦，也给国家安全社会稳定带来隐患。

发展数字经济、建设数字中国已成为我国经济高质量发展的重要抓手。随着各行业数字化程度不断提高，数字安全受到越来越多的关注。除了包含传统的网络安全外，一切与数字化场景相关的安全问题，均属于数字安全的范畴。

在本单元中，我们将学习数字安全的基本概念、数字安全威胁、数字安全技术、网络安全协议和防火墙等相关知识。

## 学习目标

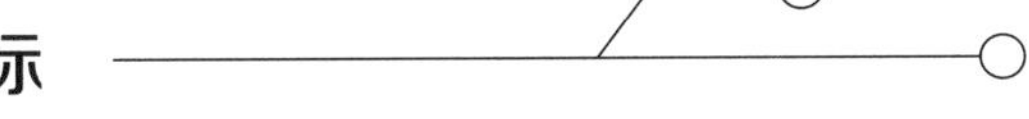

1. 了解数字安全的相关概念。
2. 了解常见的数字安全威胁。
3. 了解主要的数字安全技术。
4. 了解典型的网络安全协议。
5. 了解防火墙的相关知识。

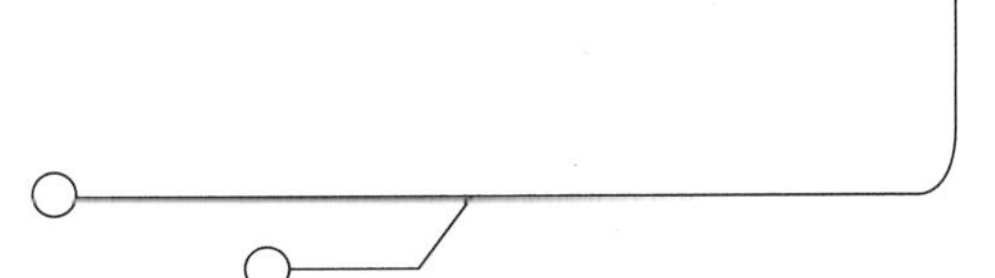

# 数字安全概述

随着数字化的不断发展,网络安全已超越网络行业影响到数字社会,升级为数字安全。网络安全一般涉及网络设备及网络通信的安全和保护,数字安全的含义则更加广泛,除了传统的网络安全外,一切与数字化场景相关的安全问题,均属于数字安全的范畴。

有观点认为数字社会具有三大特征:一是一切皆可编程,但软件代码不可避免存在安全漏洞;二是万物互联,产生虚实边界模糊危险,联网设备会遭到网络攻击;三是大数据驱动业务,带来数据安全风险。因此,数字安全面临的挑战,不仅包括传统的计算机安全、网络安全,还包括新兴的大数据安全、人工智能安全、物联网安全,以及数字经济、数字政府、数字社会中各种应用场景的安全问题。

**1. 网络安全**

由于数字化社会的特征之一是万物互联,因此网络安全是数字安全极其重要的组成部分。网络安全本质上就是网络上的信息安全。凡是涉及网络上信息的保密性、完整性、可用性、真实性和可控性的相关技术和理论都属于网络安全的研究领域。因此,网络安全是一门涉及计算机科学、网络技术、通信技术、密码技术、信息安全技术、应用数学、数论和信息论等多种学科的综合性学科。

**2. 数据安全**

数据安全是数字安全的核心。在大数据驱动业务的时代,数据作为数字化的核心,地位变得越来越重要。许多国家将数据定义为继土地、劳动力、资本、技术之后的第五大生产要素。数据已成为数字经济时代的新能源和发展动力之一。正是因为数据的重要性，其安全性也越来越被重视。继《中华人民共和国网络安全法》后，我国又出台了《中华人民共和国数据安全法》，对数据安全予以重点管理和规范。

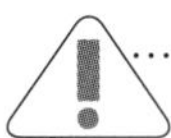

虽然网络安全也涉及数据保护，但其聚焦的是防范网络攻击；而数据安全的核心则侧重于各类数据的全面保护。

### 3. 人工智能安全

人工智能技术已经渗透到了各个领域，不仅提升生产效率，也为生活带来极大的便利，但随之而来的安全风险也引起多方关注。人工智能的安全问题已成为高关注度的话题之一。

人工智能的安全问题主要有：

①数据安全风险：人工智能模型需要有海量的数据来进行训练。如在人脸识别系统中，训练数据包含大量的用户肖像数据，一旦这些敏感数据被非法获取，用户隐私就可能被泄露。

②算法安全风险：人工智能算法的安全性是保障人工智能系统安全的一个重要方面。如果算法存在漏洞而遭攻击，会产生不正确或误导性结果。如攻击者利用算法漏洞在被检测的场景中添加干扰信息，从而使算法产生错误的预测结果。

③平台及供应链安全风险：人工智能系统的开发需要极高的算力，国外对尖端技术的封锁和对高端芯片的出口管制可能会影响国内人工智能产业的发展。

# 数字安全威胁

本节从网络安全和数据安全两个方面,来了解当前主要的数字安全威胁。

## 4.2.1 网络安全的主要特征及面临的威胁

网络安全是指网络系统的硬件、软件及系统中的数据受到保护,不因偶然的或者恶意的原因而遭到破坏、更改、泄露,系统连续可靠运行,网络服务不中断。

**1. 网络安全的主要特征**

保密性:信息不泄露给非授权用户、实体或过程。

完整性:数据未经授权不能改变的特性,即信息在存储或传输过程中保持不被修改、不被破坏和不丢失的特性。

可用性:可被授权实体访问并按需求使用的特性,即当需要时能存取所需的信息。

可控性:对信息的内容及传播具有控制能力。

可审查性:为出现的安全问题提供审查的依据与手段。

**2. 常见的网络安全威胁**

(1) 非授权访问

非授权访问是指对网络设备及信息资源进行非正常使用或越权使用的行为。典型的非授权访问,如黑客通过系统漏洞入侵并控制他人计算机,或冒充合法用户窃取他人的账号进行行骗。

（2）拒绝服务

拒绝服务是指通过减慢系统响应时间等手段，改变系统的正常运行状态，使用户无法正常使用。如DoS（denial of service，拒绝服务）或DDoS（distributed denial of service，分布式拒绝服务）攻击。这类攻击又称为“洪水攻击”，是使用大量重复的访问使被攻击的服务器一直处于“忙”的状态，从而拒绝向其他发出请求的客户提供服务。相较基于单机攻击的DoS，DDoS则利用了网络上大量被黑客入侵并控制的“僵尸”计算机，一起攻击某一台服务器，使之因承受不了过大的负载而瘫痪。

（3）病毒程序攻击

病毒程序是指通过网络传播的恶意程序。病毒程序种类繁多，对网络安全威胁较大的主要有以下几种：

①计算机病毒是一种会“传染”其他程序的程序，“传染”过程是通过修改其他程序来把自身或变种复制进去而完成的。

②计算机蠕虫是一种通过网络的通信功能将自身从一个计算机节点发送到另一个计算机节点，并在新节点上运行的病毒程序。蠕虫利用网络或计算机系统中存在的漏洞，在入侵并完全控制一台计算机之后，会把这台计算机作为宿主并通过网络继续传播，进而感染其他联网的计算机，最终造成整个网络的瘫痪。

③特洛伊木马是指寄宿在计算机里的一种非授权的远程控制程序，其执行的功能会超出所声称的功能（会偷偷执行一些额外的功能）。

这个名称源于公元前12世纪希腊和特洛伊之间的一场战争（希腊士兵藏身于木马中，并欺骗特洛伊人将其运进城中，导致特洛伊城邦的陷落）。由于特洛伊木马程序能够在计算机管理员未发觉的情况下开放系统权限、泄露用户信息，甚至窃取整个计算机管理使用权限，所以它是黑客常用的工具之一。

（4）通信线路窃听

通信线路窃听是指利用通信传输介质的电磁泄漏或搭线窃听等非法手段获取信息，如通过架设私人免费Wi-Fi进行数据窃听等行为。

### 4.2.2 数据安全风险

在数字化社会，数据正逐渐成为驱动经济社会发展的新生产要素。数据驱动业务、数据驱动人工智能大模型，这些都是数据的典型应用。但数据安全也面临着各种风险，主要包括以下几种。

①数据窃取：指攻击者通过各种技术手段，非法获取目标机构、企业的敏感数据。

②勒索攻击：指攻击者以勒索钱财为目的对目标数据进行破坏。如对受害者的数据强行加密，导致数据无法使用，迫使受害者缴纳赎金才能解密。

③数据污染：指攻击者故意在目标数据集中掺入假数据，导致数据被污染，无法使用。

④数据泄露：指机构或企业的内部机密或敏感数据遭泄露。与数据窃取不同，数据泄露很可能是内部人员疏忽或有意为之。

⑤数据滥用：通常指不法商家违背消费者意愿，过度采集、使用消费者的个人数据来牟利。

### 4.2.3 常用数字安全防范措施

**1. 访问控制**

通过对特定网段、服务建立的访问控制体系，将绝大部分攻击阻止在到达被攻击目标之前。防火墙、服务器的安全认证、交换机的访问控制列表等都可以实现访问控制。

**2. 检查系统安全漏洞**

对系统安全漏洞定期检查和修补，可防范基于安全漏洞的攻击。即使攻击可到达目标设备，绝大多数也会失效。很多网络病毒、木马程序是通过系统漏洞传播或开展攻击的，因此通过对系统打“补丁”来修补漏洞，可起到一定的免疫效果。

**3. 对攻击的监控**

对特定网段、服务建立的针对攻击的监控体系，可实时检测出绝大部分攻击，并采取相应的措施如断开网络连接、记录攻击过程、跟踪攻击源等来阻断攻击。对于DoS/DDoS之类的攻击,最好的阻断方式是对网络输入流进行监控,分析访问行为,自动切断攻击类连接,确保正常连接的通畅。

### 4. 加密通信

主动的加密通信,可使攻击者不能了解、篡改被加密的信息。加密通信能够防范数据的泄露,确保信息在通信过程中的安全。

### 5. 身份认证

良好的身份认证体系可防止攻击者假冒合法用户,例如,网站的登录认证、手机的人脸识别和指纹开锁等都属于身份认证。

### 6. 恢复和备份

良好的恢复机制,可在攻击造成损失时,尽快地恢复数据和系统服务。定期的数据备份可以确保在系统被破坏时,在一定范围内恢复系统功能,以减少损失。

对于不同的数字安全威胁,可以有针对性地使用一种或多种防范措施进行应对。如对于冒充合法用户身份的威胁,可以通过加密通信、多重身份认证等手段来应对;对于非授权访问,可以通过设置系统或数据的访问权限来阻止非法访问,以达到防范的目的。

# 数字安全技术

为维护数字安全，离不开可靠的安全技术，本节将介绍一系列与数字安全相关的安全技术。

## 4.3.1 加密

加密机制是一种数字编码系统，专门用来保护数据的保密性和完整性。

加密技术通常依赖于被称为加密部件的标准化算法，将原始的明文转换为密文，即加密后的数据。

当对明文进行加密时，需要用到密钥。密钥是由被授权的各方建立和共享的秘密消息。解析密文时也需要用到密钥。如果不掌握密钥，则即使获得密文，一般来说，也无法从中解析出原始的明文，当然诸如消息的长度和创建日期之类的元数据除外。

加密机制可以帮助对抗通信线路窃听、非授权访问等网络安全威胁。

有两种常见的加密机制：对称加密（symmetric encryption）和非对称加密（asymmetric encryption）。

### 1. 对称加密

对称加密在加密和解密时使用相同的密钥。加密、解密过程都是由授权各方使用共享密钥来完成的，即以一个特定密钥加密的消息只能用相同的密钥解密。

对称加密不具有不可否认性。如果有多于一方拥有密钥，就无法确定到底是哪一方执行的消息加密或解密。

**2. 非对称加密**

非对称加密(公钥密码体制)使用两个密钥:公钥(public key)和私钥(private key)。在非对称加密中,只有所有者才拥有私钥,而公钥一般来说是公开可得的。以某个公钥加密的文档只能用与之对应的私钥解密。

因为使用了两个不同的密钥,非对称加密计算起来较慢。以公钥加密的消息只能被合法的私钥拥有者解密,第三方无法窥探其内容,这为数据的保密性提供了保护。

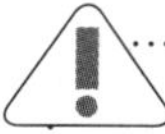

用私钥加密能提供真实性、不可否认性和完整性保护,因为私钥只有用户本人才拥有,如果一个文档被用户的私钥加密了,那他是无法否认文档不是自己发出的。该文档也只能用该用户的公钥进行解密。

## 4.3.2 散列

当需要一种单向的、不可逆的数据保护机制时,可以使用散列(Hashing)。散列也译为“杂凑”或“哈希”,是指把任意长度的输入通过散列算法变换成固定长度的输出,该输出称为散列值。

这种转换是一种压缩映射,也就是散列值的空间通常远小于输入的空间,不同的输入可能会散列成相同的输出,所以不可能从散列值来确定唯一的输入。但反过来,如果散列值不同,则可以断定输入不同。简单地说,散列是一种将任意长度的消息压缩到某一固定长度的消息摘要的函数。如果将消息比作人,则对消息进行散列,就像是为这个人拍了一张像素不高的照片一样,能够显示出这个人大致的轮廓,若拍摄条件完全一致,照片不同只能断定被拍摄对象也不同。散列机制常应用于密码的存储。

散列机制可以应用在哪些场合?

### 4.3.3 数字签名

数字签名(digital signature)是只有信息的发送者才能产生的他人无法伪造的一段信息串,这段信息串同时也是对信息的发送者发送信息真实性的一个有效证明,是通过身份验证和不可否认性来提供数据真实性和完整性的手段。与写在纸上的物理签名不同,它使用非对称(公钥)加密领域的技术来实现。一套数字签名通常定义两种互补的运算,一个用于签名,另一个用于验证。数字签名是非对称密钥加密技术与数字摘要技术的应用。

在发送前,赋予消息一个数字签名,如果之后消息发生了未授权的修改,那么这个数字签名就会变得非法。数字签名提供了一种证据,可证明收到的消息与合法的发送者创建的消息是否一致。

数字签名的创建使用了散列和非对称加密技术,它实际是一个由私钥加密的消息摘要被附加到原始消息中。接收者要验证签名的合法性,可用相应的公钥来解密这个数字签名,得到消息摘要,同时对原始的消息应用散列机制来得到消息摘要,两种不同的处理得到相同的结果表明消息保持了完整性。

数字签名机制在保证数据完整性方面能起到重要作用,也能帮助对抗非授权访问等安全威胁。

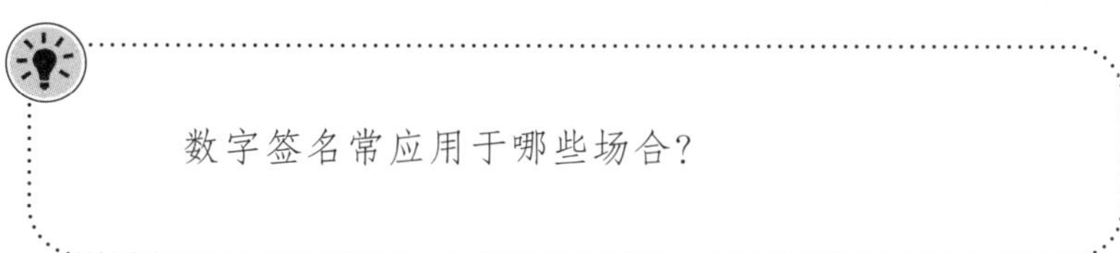


## 4.3.4 公钥基础设施

公钥基础设施(Public Key Infrastructure, PKI)是一个由协议、数据格式、规则和实施组成的系统,用于管理非对称密钥颁发,使大规模的系统能够安全地使用公钥密码技术。这个系统将公钥与相应的密钥所有者联系起来,同时还要能验证密钥的有效性。

PKI依赖于使用数字证书,即带数字签名的数字文件,由第三方证书颁发机构(certificate authority,CA)来签发。证书颁发机构生成证书的常见步骤如图4-1所示。数字证书与普通数字签名的区别在于,数字证书通常携带这几部分信息:证书拥有者的身份信息,该信息已由CA核实;证书拥有者的公

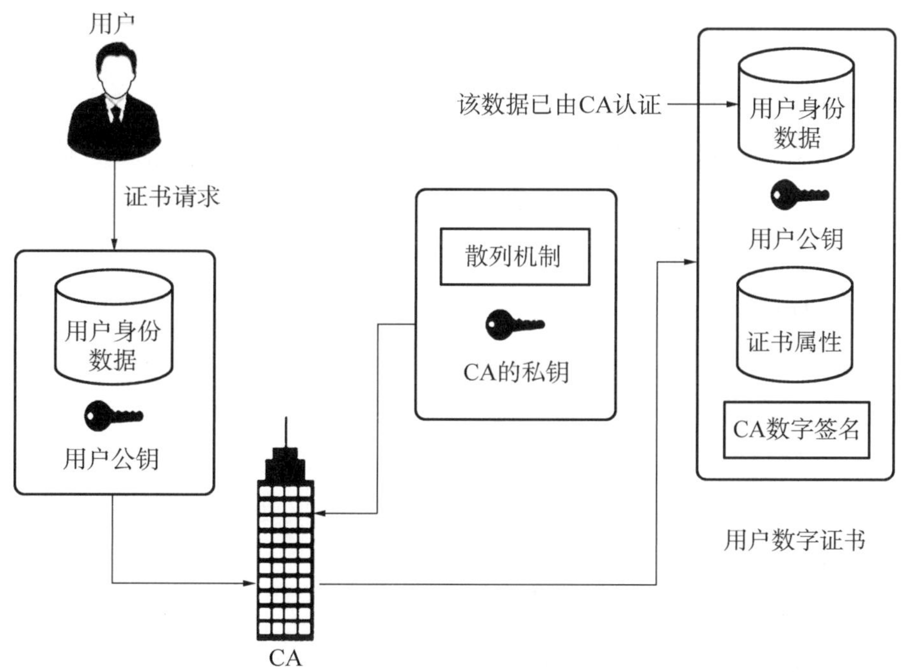


图4-1　证书颁发机构生成证书的常见步骤

钥;CA颁发的证书及CA的数字签名,数字签名中用CA的私钥对证书的摘要进行了加密;其他还有诸如有效期这类的相关信息。CA是外界信任的权威机构,其公钥通常是公开的,外界可用CA的公钥来核实CA数字签名的真伪,如果为真,说明CA已经为证书拥有者身份的真实性背书,从而间接地核实了该证书的真实性和有效性。

PKI在认证用户身份、防止非授权访问和保证数据的完整性方面,都是可信赖的方法。

为什么数字证书能够证明用户的身份?

## 4.3.5 身份与访问管理

身份与访问管理(identity and access management,IAM )机制包括认证和管理用户身份,以及相关IT资源、环境、系统访问授权的必要组件和策略等。IAM机制包括认证、授权、用户管理和证书管理4个主要组成部分。它除了分配具体的用户特权等级外,还包括制定相应的访问控制和管理策略。该机制主要用来对抗非授权访问、干扰系统正常运行(如DoS/DDoS攻击)等威胁。

## 4.3.6 VPN

虚拟专用网(virtual private network,VPN)是指通过公用网络(通常是互联网)建立一个临时的、安全的连接,是一条穿过公用网络的安全、稳定隧道。使用这条隧道可以对数据进行加密以达到安全使用互联网的目的。简单地说,VPN就是利用公用网络架设的安全专用网络,其功能包括认证、加密、隧道化及防火墙功能等。

VPN属于远程访问技术,是对企业内部网的扩展,可以帮助远程用户、公司分支机构、商业伙伴及供应商与公司的内部网之间建立可信的安全连接,使这些用户无论是在外地出差还是在家中办公，只要能上互联网就能利用VPN访问公司内部网的资源。VPN可通过服务器、硬件、软件等多种方式实现，其主要采用隧道技术、加解密技术、密钥管理技术和使用者与设备身份认证等技术。

# 网络安全协议

随着网络应用越来越普及，原始的网络协议在安全性方面暴露出诸多问题和不足，有必要在原有网络协议的基础上，增加一套能有效保障网络安全的协议。网络安全协议是构建安全网络的关键技术之一。

## 4.4.1 IPSec

互联网安全协议(internet protocol security，IPSec)是一个协议集，其工作于网络层，通过对IP协议的分组进行加密和认证来保护网络层传输的数据。

IPSec在网络层上实现了加密、认证、访问控制等安全功能，极大地提高了TCP/IP协议的安全性。IPSec的安全特性包括不可否认性、反重播性、数据完整性、数据可靠性等。

## 4.4.2 SSL

安全套接字协议(secure sockets layer，SSL)，是为网络通信提供安全及数据完整性的一种安全协议。该协议在传输层与应用层之间对网络连接进行加密，可提高正在通信的应用程序之间数据的安全性，可作为Web访问的安全传输协议。

SSL协议主要提供的服务包括认证用户和服务器、加密数据、维护数据的完整性等。其实现过程包括接通、密码交换、会话密码、检验、客户认证和结束等阶段。

如果将网页访问使用的HTTP协议与SSL协议相结合，便是安全超文本传输协议（hypertext transfer protocol secure，HTTPS）。HTTPS协议可看成是HTTP协议的安全版，它在HTTP协议层之下加入SSL层，提供加密、身份认证等安全服务。值得注意的是，HTTPS默认使用端口443，而HTTP使用端口80来侦听网页访问请求。

传输层安全协议（Transport Layer Security，TLS）可看成是SSL协议第3版的后继者，它是以相关标准为基础的开发解决方案，使用了非专利的加密算法，可在两个相互通信的应用程序之间提供保密性和数据完整性服务。

还有哪些网络安全协议？

# 4.5 防火墙

防火墙是一种协助确保网络安全的系统(可以是硬件,也可以是软件),它位于两个或多个网络之间(如专用网与公用网、内网与外网),依照特定的规则,选择允许或是限制传输的数据通过,对两个网络之间的通信进行管理和控制,以保障系统的安全,如图4-2所示。防火墙是重要的网络防护设施之一。

防火墙至少提供以下两个基本的服务:

①有选择地限制外网用户对内网的访问,保护内网的特定资源。

②有选择地限制内网用户对外网的访问。

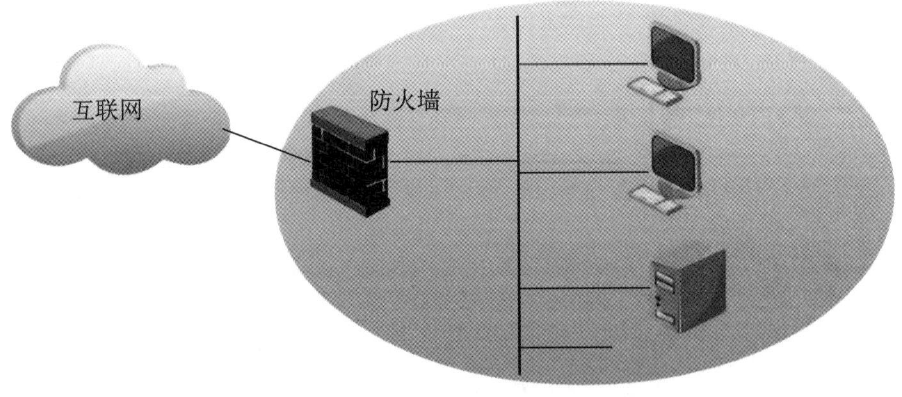


图4-2 防火墙示意图

## 4.5.1 防火墙功能

防火墙能监视并过滤流经它的网络流量，关闭不使用的端口，禁止来自特殊站点的访问和特定端口的流出通信，阻止特洛伊木马等恶意程序对目标网络或计算机的攻击。其功能主要包括以下几点。

### 1. 禁止不安全的协议或服务

防火墙通过过滤不安全的服务来降低风险。防火墙可作为网段之间的阻塞点和控制点，只让经过精心选择的应用协议通过，禁止不安全的协议或服务，能极大地提高内部网络的安全性。

### 2. 集中安全性管理

以防火墙为中心的安全配置方案，能将多个安全软件（如口令、加密、身份认证、审计等）配置在防火墙上。与将网络安全管理分散到各个主机上相比，防火墙的集中安全管理更经济、更高效。

### 3. 监控审计和日志记录

进出网络的数据都必须经过防火墙，防火墙能通过日志对其进行记录，同时也能提供网络使用情况的统计数据。当发生可疑动作时，防火墙能根据设定的机制进行报警和通知，并提供网络受到威胁和攻击的详细信息。日志记录的网络使用统计信息对网络需求分析和威胁分析等安全操作来说非常重要。

### 4. 网络隔离和隐私保护

利用防火墙对内部网络的划分，可实现对内部网络中重点网段的隔离，从而限制了某个局部网络或敏感网络的安全问题对整个网络造成的影响。使用防火墙还可以隐藏内部网络的细节，防止内部信息外泄。

## 4.5.2 防火墙技术

### 1. 包过滤技术

网络层传输的分组中一般包含发送方对应的源IP地址和要送达的目的IP地址，包过滤技术让防火墙基于分组中包含的IP地址来监视并过滤网络上传输的分组,设定相应的规则允许或禁止与特定IP地址的通信流量。包过滤技术可在可信任网络和不可信任网络之间有选择地安排分组的去向。

**2. 代理服务技术**

代理服务是运行在防火墙主机上的专门的应用程序,它位于内部网络上的用户和外部网络上的服务之间,内部用户和外部网服务之间彼此不能直接通信,只能分别与代理打交道。代理负责接收对外部网服务的请求,并根据设定的规则决定是否需要转发给相应的服务。

代理服务防火墙可以配置成允许来自内部网络的任何连接,也可以配置成要求用户认证后才建立连接。这为安全提供了额外的保证,使得从内部发送攻击的可能性大大减少。

**3. 状态检测技术**

状态检测技术是包过滤技术的延伸,它使用各种状态表来追踪活跃的TCP会话,由用户定义的访问控制列表决定允许建立哪些会话,只有与活跃会话相关联的数据才能穿过防火墙。

状态检测技术在性能上可看成是包过滤技术和代理服务技术的折中。它的安全性优于包过滤机制,但不如代理服务机制。其速度和灵活性优于代理服务机制,但不如包过滤机制。

### 4.5.3 防火墙分类

根据使用的技术,防火墙可分为以下几种类型:

**1. 过滤型防火墙**

过滤型防火墙一般工作在网络层或传输层上,可以基于分组头部的地址以及协议类型等标志特征进行分析,决定是否允许该分组通过。只有符合防火墙设定规则、满足安全要求的数据包(分组)才能通过防火墙,而一些被认为不安全的分组则会被过滤、阻挡。

**2. 应用代理型防火墙**

应用代理型防火墙主要工作在网络体系结构的最高层应用层上。这类防火墙通过软件来分析用户应用层的数据流量,能对通过防火墙的数据流进行记录和审计，提供详细的审计报告；能够监督与控制所有进出防火墙的网络流量，必要时还可充当网络地址翻译器。

应用代理型防火墙比过滤型防火墙安全性能更强，但处理速度会更慢。

**3. 复合型防火墙**

复合型防火墙将包过滤防火墙和应用代理型防火墙结合在一起，针对不同的情况分别采用不同策略。这类防火墙结合了前两者的优点，大大提高了防火墙在实际应用中的灵活性和安全性。

# 数字安全与社会

数字安全是国家安全和数字经济的基础支撑之一，与人、环境、社会紧密相关。

## 4.6.1 保护数字设备

当下，以计算机、手机、平板电脑等为代表的数字设备已经成为人们生活中必不可少的一部分。这些数字设备在带给人们巨大便利的同时，也存在安全风险。以下是一些保护数字设备安全有效的措施：

**1. 及时更新操作系统和软件**

新发布的软件中往往存在一些未发现的程序漏洞，厂家通过发布安全补丁来修复漏洞，防止黑客利用这些漏洞入侵设备，以降低安全风险。因此，定期检查并更新软件是保持设备安全的基本措施。建议开启软件自动更新功能，以确保及时获取最新的安全补丁。

**2. 使用强密码和双重认证**

设置强密码是保护个人数据的有效措施。强密码应包含大小写字母、数字和特殊字符，且长度不少于8位。此外，为了进一步提升账号的安全性，建议使用双重认证功能。双重认证在登录时，除要求输入密码外，还增设随机验证码（如短信验证码）、生物特征验证（如人脸识别、指纹识别等）等验证方式，以提升账号的安全性。

**3. 谨慎点击链接和下载附件**

网络钓鱼是常见的网络攻击手段之一。黑客通常会把恶意程序伪装成合法的链接或附件，发送给用户并引诱其点击下载。一旦下载并运行这些恶意软件，系统就会被病毒感染。因此，在打开任何链接或下载附件之前，请先仔细检查发件人身份，并确保链接的真实性。

**4. 及时备份重要数据**

设备出现故障、丢失、被盗或遭受网络攻击，均会造成数据的丢失。因此，定期备份重要数据是至关重要的。可以将数据备份到移动存储介质（如U盘）或云存储（如网盘）中。

**5. 使用安全的Wi-Fi网络**

公共Wi-Fi网络通常是黑客攻击的目标。为了保护个人隐私和设备安全，建议使用加密的Wi-Fi网络，并尽量避免在公共网络上登录敏感账号和进行重要操作。

## 4.6.2 保护个人信息与隐私

我国在2021年通过并实施的《中华人民共和国个人信息保护法》明确要求：

① 通过自动化决策方式向个人进行信息推送、商业营销，应提供不针对其个人特征的选项或提供便捷的拒绝方式。

② 处理生物识别、医疗健康、金融账户、行踪轨迹等个人敏感信息，应取得个人的单独同意。

③ 对违法处理个人信息的应用程序，责令暂停或者终止提供服务。

该法着眼于数据产品的供应方，在数据产品供给端为普通用户提供了法律保护；而在数据产品的消费端，普通用户也有一些保护个人数据与隐私的方法：

① 加强个人隐私保护意识，不随意泄露个人信息。如在使用社交媒体或网上购物时，要谨慎填写个人信息，避免泄露敏感个人信息。

② 使用强密码并定期更换，以增加账号安全性。

③ 谨慎选择第三方应用。使用时，要注意查看其隐私政策和用户评价，

选择可信赖的应用并限制不必要的授权。

④ 定期清理浏览器和应用软件的缓存。浏览器和应用软件的缓存中可能存储着个人的敏感信息，定期清理可以降低隐私泄露的风险。

我国在2021年颁布并实行的《中华人民共和国数据安全法》中对数据使用者应承担的责任作出明确规定："通过采取必要措施，确保数据处于有效保护和合法利用的状态，以及具备保障持续安全状态的能力。""开展数据活动，应当遵守法律、法规，尊重社会公德和伦理，遵守商业道德和职业道德，诚实守信，履行数据安全保护义务，承担社会责任，不得危害国家安全、公共利益，不损害个人、组织的合法权益。"

## 4.6.3 保护个人健康与幸福

在使用数字技术时，应考虑到对个人健康与幸福的保护，避免其对个人的身心健康造成威胁。

**1. 防止网络沉溺**

网络游戏对自制力较弱的青少年有着极大的诱惑力。为防止青少年沉溺于网络不能自拔，国家相关部门要求游戏开发商对未成年人玩网络游戏进行适当的限制，如要求所有网络游戏企业仅可在周五、周六、周日和法定节假日每日20时至21时才可向未成年人提供1小时网络游戏服务。一些大学新生刚刚迈入成年人的门槛，如果不加节制，将大量的学习时间浪费在游戏中，则会影响学业和身心健康。对这些同学防止沉溺于游戏或网络的建议是：多学习、多交流、多运动，把握住自己，倡导乐观、积极的健康生活。

**2. 拒绝网络暴力**

网络暴力是指在网络社交平台上，对他人进行攻击、侮辱、威胁等行为。这些行为不仅会对受害者的心理造成伤害，甚至还会严重影响到他们的生活和工作。要避免网络暴力,以下几点可供参考。

(1) 上网谨言慎行

如在网络上发表言论前,要认真思考是否会引起争议和冲突,是否会伤害到他人的感情。如果存在不确定性,则可以选择私下交流或咨询专业人士。此外,要时刻保持冷静和理智,避免对他人的攻击作出过度反应。

(2) 加强对隐私的保护

不要轻易将自己的个人信息透露给陌生人,以免被利用。同时,要注意保护自己的账号和密码,避免被人盗用。

如果不幸成为网络暴力的受害者,则可以采取以下几种应对措施:

①保留相关证据,如保存聊天记录、截图被攻击的言论等。这些证据可以作为后续处理的依据,也有助于警方或其他机构查明事实和追究责任。

②及时寻求帮助和支持。可以向亲友、心理医生或专业机构寻求帮助,以缓解心理上的压力和创伤。

③可以通过平台投诉或举报系统,向相关平台申诉并寻求协助。一些平台已经设置了专门的举报机制,用于处理网络暴力等违法行为。如果行为涉及违法犯罪,也可以向警方报案,寻求法律的支持和保护。

### 4.6.4 保护生态环境

"以数字化转型整体驱动生产方式、生活方式和治理方式变革"成为国家的发展战略。用好数字技术,不仅能够精准识别、及时追踪新发生的生态环境问题,为科学保护、系统治理提供支撑,也能够推动数字经济与绿色经济协同发展,为提升生态环境治理体系和治理能力现代化水平提供新的方法。

经过相关科技企业和环保部门的联手努力,近年来数字技术加快赋能生态环境保护。在贵州,矿山地质环境治理恢复监管平台借助"互联网+遥感"技术,实时监测全省矿山地质环境治理情况;在浙江桐乡,数字化监管系统,变"人工管"为"数字管",成为环境决策部署的"大脑";华为、联想、浪潮等高科技企业积极探索数字化生态保护,为保护大熊猫、江豚、亚洲象等珍稀动物提供了利器。

### 4.6.5 人工智能时代的数字安全

当前，我国人工智能产业发展进入快车道，针对人工智能的安全性问题，通常采取以下措施：

①保护数据隐私：采取适当的数据加密、访问控制和安全传输等措施，以防止未经授权的访问和数据泄露，确保个人数据和敏感信息的安全。

②增强模型安全性：采用模型加密、数字签名、模型水印等技术，以保护训练的模型不受到恶意攻击或篡改。同时对人工智能系统进行充分的测试和验证，修复系统中的漏洞和错误，确保其能处理各种不确定情况和异常情况。

③遵守法律和伦理规范：遵守相关的法律法规和伦理准则，确保人工智能的使用符合道德和社会价值观。

总之，要推动人工智能产业快速发展，必须要把保障数据安全放在突出位置。人工智能领域的相关立法也值得期待和关注。

# 单元小结

## 思维导图

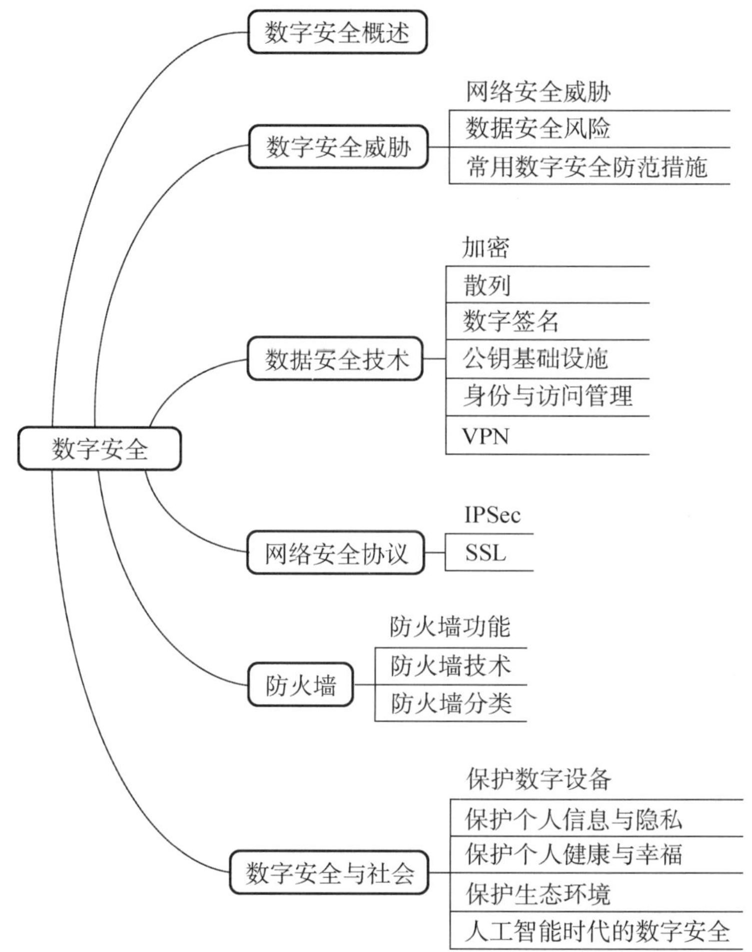


## 综合练习

### 一、单选题

1. 网络安全是指网络系统的__________受到保护，不会遭到破坏、更改和泄露。

A. 数据　　　　B. 硬件、软件和数据

C. 硬件　　　　D. 软件

2. 计算机网络上的通信可能面临的主要威胁不包括__________。

A. 截获　　　　B. 延迟

C. 篡改　　　　D. 伪造

3. 针对计算机病毒的防范,应该采取__________的策略。

A. 预防为主　　　　B. 事后管理

C. 理论研究　　　　D. 系统测试

4. 下列关于计算机病毒的叙述中,正确的是________。

A. 反病毒软件可以查杀任何种类的病毒

B. 计算机病毒是一种被破坏了的程序

C. 反病毒软件必须随着新病毒的出现而升级,提高查杀病毒的功能

D. 感染过病毒的计算机具有对该病毒的免疫性

5. 计算机感染病毒的可能途径之一是________。

A. 从键盘上输入数据

B. 随意运行外来未经杀毒软件查杀的优盘中的软件

C. 所使用的光盘表面不清洁

D. 电源不稳定

6. 计算机病毒不具有的特点是________。

A. 破坏性　　　　B. 传染性

C. 免疫性　　　　D. 潜伏性

7.________技术能够让邮件接收方准确验证发送方的身份。

A. 数字签名　　　　B. 加密

C. 解密　　　　D. 散列

8. 不属于网络安全协议的是________。

A. IPSec　　　　B. IP

C. SSL　　　　D. TLS

9. 以下关于防火墙的说法,错误的是________。

A. 防火墙是安全策略的检查站

B. 防火墙可以有效防止内部网络相互影响

C. 有了防火墙,就可以抵御一切网络攻击

D. 防火墙可以对网络访问进行监控审计

10. 保护数字设备安全,防止个人隐私泄露的有效措施不包括________。

A. 及时更新操作系统和应用软件

B. 使用强密码和双重认证

C. 拒绝使用任何人脸识别设备

D. 及时备份重要数据

11. 规定企业在处理生物识别、医疗健康、金融账户、行踪轨迹等敏感个人信息时,应取得个人的单独同意的法律法规是________。

A.《中华人民共和国个人信息保护法》

B.《中华人民共和国数据安全法》

C.《中华人民共和国民法典》

D.《中华人民共和国宪法》

12. 针对人工智能的安全问题,可以采取的措施不包括________。

A. 保护数据隐私

B. 不将人工智能应用于关键领域或场合

C. 增强模型安全性

D. 遵守法律和伦理规范

## 二、填空题

1. __________是指网络系统的硬件、软件及系统中的数据受到保护,不会遭到破坏、更改及泄露。

2. 网络安全的主要特征包括__________、__________、可用性、可控性、可审查性等。

3. 数据安全面临各种风险,主要包括__________、__________、数据污染、数据泄露、数据滥用。

4. __________机制可以帮助对抗通信线路窃听、非授权访问等网络安全

威胁。该机制有两种常见的加密方式，__________在加密和解密时使用的是相同的密钥，而__________依赖于使用两个密钥即公钥和私钥。

5. __________是利用公钥加密技术实现的，只有信息的发送者才能产生的一段信息串，这段信息串他人无法伪造，是对信息的发送者发送信息真实性的一个有效证明。

6. 防火墙采用的主要技术包括__________、代理服务技术和状态检测技术等。

## 三、简答题

1. 可采用哪些技术防止黑客冒充合法用户身份并占用后者的资源？

2. HTTP与HTTPS协议有何区别？

3. 什么是VPN，其作用是什么？

4. 防火墙有哪几种类型，分别采用了什么技术，各自的优缺点有哪些？

## 四、综合实践题

网上银行的使用已经越来越普遍。针对网上银行的安全性，分析和解答下列问题。

1. 访问某银行的网上银行页面，发现URL地址栏中的协议部分为https，它与访问普通网页使用的HTTP协议有何区别？为什么要使用HTTPS协议？

2. 银行会为开设网上银行账户的用户提供一个U盾。U盾又称作移动数字证书，用来存放使用者个人的数字证书。U盾是如何保证用户交易的真实性的？

3. 你能想到哪些网络安全防范措施，以保证你在使用网上银行时的网络安全？

## 参考答案

## 一、单选题

1. B　2. B　3. A　4. C　5. B　6. C　7. A　8. B　9. C　10. C　11. A　12. B

## 二、填空题

1. 网络安全　2. 保密性　完整性　3. 数据窃取　勒索攻击　4. 加密　对称加密　非对称加密　5. 数字签名　6. 包过滤技术

## 三、简答题

略

## 四、综合实践题

1. HTTPS协议可看成是HTTP协议的安全版，它在HTTP协议层之下加入SSL层，提供加密、身份认证等安全服务。使用HTTPS可使得网页访问更安全。

2. U盾包含用户的数字证书，内含有CA核实的证书拥有者的身份信息及证书拥有者的公钥等信息，所以U盾就像使用者个人的网上身份证。U盾能唯一标识和证明用户的身份，基于U盾的操作可被认定是用户本人的操作，具有不可否认性。

3. 不使用网吧等公共场所的计算机登录网上银行；登录网上银行前安装网上银行的安全插件；使用HTTPS协议访问网上银行页面；使用U盾进行交易操作，操作完毕立即拔下U盾等。

# 附录一 数字素养框架

今天我们处在从数字化到数据化再到智能化剧烈转型的时代。这个时代催生了随处可见的机会,也带来了日益扩大的数字鸿沟。提升全民数字素养与技能水平,是提升国民素质、促进人的全面发展的战略任务,是实现从网络大国迈向网络强国的必由之路,是弥合数字鸿沟、促进共同富裕的关键举措,也是摆在我们教育界面前的重大机遇和挑战。

数字素养框架(digital literacy framework,DLF)是面向全民的全面、结构化的数字能力定义体系,共分为8大领域,30个关键点。

## 领域1 通用数字设备和应用软件

◆ **使用智能电子设备**:操作智能手机、平板电脑、智能家电等智能化设备。

◆ **使用通用计算机设备**:操作通用的个人计算机。

◆ **使用常用应用软件**:操作常用的应用软件,包括办公软件、图形图像工具、通信协同工具等。

## 领域2 信息与数据

◆ **浏览、搜索和筛选信息与数据**:在数字环境中浏览各种信息与数据,根据自身需求搜索有用的信息与数据,在多种格式及媒介的信息与数据中导航。

◆ **分析、比较和评价信息与数据**:分析、比较和批判性地评价信息与数据的可信度,对信息和数据进行综合性的分析,以得出相对可信的结论。

◆ **管理信息与数据**:在数字环境中组织、存储和使用信息与数据,必要时对它们作结构化组织、清洗和加工。

### 领域3　沟通与协作

◆ **管理数字身份**:创建和管理自己的一个或多个数字身份,能够保护自己的数字声誉,能够处理自己的数字身份产生的数据。

◆ **使用数字技术互动**:使用数字技术进行沟通和互动。

◆ **使用数字技术分享**:使用数字技术与他人分享信息、数据与数字内容,了解引用和注明出处的方式方法。

◆ **使用数字技术协同**:使用数字技术实现多人协同,包括对协同的促进和对协同环境中产生的信息、数据与数字内容的管理。

◆ **使用数字公共服务**:定位和使用政府及其他组织提供的数字化公共服务,了解在此过程中保护自身数字权益的方法。

◆ **网络礼仪**:了解数字环境中使用数字技术与互动的行为规范和具体做法;了解并尊重数字环境中的文化与代际多样性,制定与特定受众相匹配的沟通策略及规范。

### 领域4　创建数字内容

◆ **创作数字内容**:创作和编辑不同格式与媒体形式的数字内容,使用数字工具表达自己的想法。

◆ **数字内容再创作**:修改、精炼、整合、改进已有的信息与数字内容,以创建相关的新内容和新知识。

◆ **版权与许可**:理解版权与许可应用于数据、信息和数字内容的原理和实践,保证数字内容的创建与传播合规合法。

### 领域5　构建数字工具

◆ **规划与设计数字工具**:理解现实世界和数字世界的需求,设计可实现的、有助于提升数字环境运作效率的软件工具。

◆ **创建数字工具**:规划和创建计算机系统可理解的指令,实现解决问题或完成任务的软件工具。

◆ **管理数字工具**:对数字工具的使用者提供持续运营、服务、技术支持和系统维护。

### 领域6　数字安全

◆ **对数字设备的保护**:保护设备与数字内容,理解数字环境中的风险与威胁;了解安全与安保措施,适当考虑可靠性与隐私。

◆ **对个人数据与隐私的保护**:保护数字环境中的个人数据与隐私;理解使用和分享个人身份信息的安全方式,以保护自己与他人利益不受损害;能够理解数字服务的"隐私政策",尤其是个人数据将被如何使用。

◆ **对个人健康与福祉的保护**:能够在使用数字技术时,避免其对身心健康造成威胁;能够在数字环境中保护自己与他人利益不受损害;了解数字技术对社会福祉与社会融入的作用。

◆ **对环境的保护**:了解数字技术及其使用对环境的影响。

### 领域7　数字思维与问题解决

◆ **解决技术问题**:确认和解决操作设备与使用数字环境过程中的技术问题(从故障检测到解决复杂问题)。

◆ **设计技术解决方案**:分析问题和评估需求,评估、选择和运用数字工具形成可行的解决方案以满足需求;必要时调整和定制数字环境以满足需求。

◆ **创造性地使用数字技术**:使用数字工具与技术创造知识、创新流程与产品。

◆ **数字素养提升**:理解自己需要在哪些方面提升数字素养;能够支持他人提升数字素养;紧跟数字化发展潮流,寻求自我发展的机会。

◆ **计算思维**:将可计算的问题转化为一系列有逻辑顺序的步骤,为人机系统提供解决方案。

◆ **数据思维**:掌握通过数据分析得到结论的原理、方法、工具及其局限性;能够有意识地设计数据的采集、清洗、统计、分析方案来验证自己的猜想和理论。

### 领域8　特定职业相关

以下两点用于特定职业、专业领域的能力扩展与派生。

- ◆ **使用特定专业领域数字技术与工具。**
- ◆ **解释和运用特定专业领域数据、信息和数字内容。**

本框架的领域 1~7 均为通用领域，一般情况下不针对特定行业，也不需要进行派生或定制；在应用于特定行业时，如需针对行业特色的能力进行定义，可以使用领域 8。

# 附录二 推荐阅读书单

1.《深入浅出计算机网络》

高军，陈君，唐秀明，张剑 编著

清华大学出版社，2022年

2.《完全图解计算机网络原理》

【日】基恩 著

水利水电出版社，2023年

3.《网络是怎样连接的》

【日】户根勤 著

人民邮电出版社，2021年

4.《完全图解网络与信息安全》

【日】增井敏克 著

水利水电出版社，2023年

5.《白话网络安全》

翟立东 编著

人民邮电出版社,2021年

6.《数字安全网络战》

周鸿祎 著

中国科学技术出版社,2023年

7.《计算机网络(第7版)》

谢希仁 著

电子工业出版社,2017年